MD 본색:
은밀하게
위험하게

MD본색: 은밀하게 위험하게
미사일방어체제를 해부하다

초판 1쇄 발행 2015년 3월 10일 ＼**초판 2쇄 발행** 2015년 7월 10일
지은이 정욱식 ＼**펴낸이** 이영선 ＼**편집 이사** 강영선 ＼**주간** 김선정
편집장 김문정 ＼**편집** 김종훈 김경란 하선정 김정희 유선 ＼**디자인** 김회량 정경아 이주연
마케팅 김일신 이호석 김연수 ＼**관리** 박정래 손미경

펴낸곳 서해문집 ＼**출판등록** 1989년 3월 16일(제406-2005-000047호)
주소 경기도 파주시 광인사길 217(파주출판도시) ＼**전화** (031)955-7470 ＼**팩스** (031)955-7469
홈페이지 www.booksea.co.kr ＼**이메일** shmj21@hanmail.net

ISBN 978-89-7483-710-5 03390
값 12,900원

이 도서의 국립중앙도서관 출판시도서목록(CIP)은 e-CIP 홈페이지(http://www.nl.go.kr/ecip)에서
이용하실 수 있습니다.(CIP제어번호: CIP2015005143)

MD 본색:
은밀하게
위험하게

Missile Defense

미사일방어체제를
해부한다

정욱식 지음

서해문집

'북핵은 미국의 MD 집착이 만들어낸 괴물이다.'

'MD는 21세기 유라시아의 철의 장막이 되고 있다.'

'MD와 북핵은 적대적 동반성장을 하고 있다.'

'MD와 북핵의 악연을 끊어내지 않는 한, 평화는 영원히 오지 않는다.'

'MD와 북핵의 악연은 끊을 수 있다.'

이 책의 요지를 다섯 문장으로 요약해본 것이다. 단언컨대 MD는 미국의 한반도 정책을 이해할 수 있는 키워드이다. MD를 아는 만큼 북핵 문제도 볼 수 있게 된다. 스토리텔링 형식으로 풀어낸 1부를 읽어보면, 이 주장이 결코 지나치지 않다는 것을 알 수 있다. 때로는 음모론이 현실을 가장 잘 설명하기도 하는데, MD와 북핵의 관계가 그렇다.

MD는 단순히 하나의 무기체계가 아니다. 좁게는 한반도, 넓게는 유라시아 전역의 지정학을 좌우할 중대변수 가운데 하나이다. 전 세계를 또다시 냉전과 열전 사이에 두게 될 '21세기 철의 장막'이라고 해도 과언이 아니다. 2014년 5월부터 1년째 계속되고 있는 사드(THAAD) 배치 논란은 그 단면이자 예고편이다. 강대국 중심으로 MD 이야기를 풀어낸 2부의 주제이다.

MD는 한반도의 적대적 분단을 상징한다. 한반도 북쪽은 MD의 최대 명분이 되어왔다. 한반도의 남쪽은 MD의 포섭 대상이다. 이는 우리가 MD를 이해하고 대응책을 마련해야 할 필요성을 아무리 강조해도 지나치지 않다는 것을 보여준다. 이명박-박근혜 정부가 얼마나 은밀하게 MD에 발을 담가왔는지, 그리고 이것이 얼마나 위험한 가능성을 잉태하고 있는지를 3부에서 다뤘다.

프롤로그에서는 개인적인 얘기를 중심으로 MD 이야기를 풀어봤다. 10여 년 전 어떤 이들은 나에게 'Mr. MD'라는 별명을 붙여주기도 했다. 그만큼 필자의 평화 연구와 운동에 있어서 MD는 빼놓을 수 없는 문제였다. 에필로그에서는 MD에 대한 문제의식을 정리하면서 북핵과의 악연을 어떻게 끝낼 수 있을지 정리했다. 구체적인 북핵 해법은 다음을 기약하기로 하고 시론적인 차원에서 언급해봤다. 본문 뒤에 MD에 관한 상식을 부록으로 실었다. MD에 관한 뉴스가 앞으로도 쏟아질 것이기에 한번 밑줄 그으면서 읽어볼 가치가 있다고 확신한다.

개인적으로 벌써 10권이 넘는 책을 냈다. 대부분 이렇다 할 존재감이 없는 책들이다. 그래서 또 하나의 책을 졸저 목록에 추가한다는 것이 부담이 되었다. 그동안 MD와 관련된 글들을 수없이 써왔지만, 최근 들어 그 울림이 점차 작아지고 있다. 그만큼 또다시 책을, 그것도 MD를 다룬 책을 출간한다는 것이 선뜻 내키지 않았다. 그러나 MD를 중심으로 돌아가는 한반도·동북아 정세는 이러한 무기력을 용납하지 않았다. 오래전부터 제기했던 우려가 어느덧 현실이 되어가고 있다는 느낌을 지울 수 없었기 때문이다.

마음을 다잡고 이전에 쓴 글들을 다시 추려봤다. 이 책의 1·2부에 담긴 글 상당 부분은 필자가 객원 편집위원으로 몸담고 있는 언론협동조합 〈프레시안〉에 게재된 것들이다. 또한 정부의 발표와 언론 보도의 이면에 숨겨진 얘기들을 들춰내기 위해 미국의 해제된 비밀문서, 위키리크스가 폭로한 외교문서, 핵심 관계자들의 회고록, 여러 보고서 등도 다시 읽어봤다. 이렇게 책을 쓰고 있는 사이에 한국은 따라가기 힘들 정도로 MD에 급격히 빨려 들어가고 있었다. 하여 다시 신발끈을 동여맨다는 생각으로 이 책을 내놓는다.

10명의 동료들과 함께 평화네트워크를 만들어 대표를 맡은 지도 17년째로 접어들고 있다. 이렇게 장기집권(?)할 수 있었던 데는 한반도 평화가 오지 않은 탓이 컸지만, 무엇보다도 여러 동료 활동가들과 인턴들, 운영위원과 자문위원, 그리고 한결같이 도와주신 400명 가까운 후원회원분들 덕분이다. 이 자리를 빌려 모든 분들에게 감사의 뜻을 전하고 싶다.

2015년 2월 망원동 사무실에서 정욱식

머리말   <u>4</u>

프롤로그   모순과 악연에 관하여   <u>12</u>

1

악연의 시작
모순의 폭발

001 '비수를 품은 1972년 모스크바와 2000년의 오키나와   <u>30</u>

ABM 조약이 전략적 안정의 초석이었던 이유

남북정상회담, MD를 요격하다!

002 서울-워싱턴-모스크바가 동시에 뒤집어진 사연   <u>44</u>

ABM 조약 파동의 경위

ABM 조약 파동은 막을 수 있었다

003 김대중-부시 정상회담, 그 막전막후   <u>54</u>

열 받은 부시, 왕따 당한 파월

한반도 정세, 짙은 암흑 속으로

004 MD와 북한, 그 질긴 악연에 관하여   <u>64</u>

제네바합의와 '미국과의 계약'의 악연

럼스펠드의 등장과 악연의 본격화

005 북한이 '악의 축'에 들어간 이유   <u>78</u>

9·11 테러와 MD 테러

'악의 축' 지정과 낯선 미래

2

21세기의
철의 장막

006 9·11 테러가 발생한 날, 그들은 어디에? 　　92

럼스펠드와 라이스의 거짓말
MD에 정신이 팔린 나머지…
2차 한반도 핵위기와 부시의 변신

007 오바마의 두통거리가 된 편지 두 통 　　106

오바마의 약속 불이행과 유럽 MD
마이크로 새 나간 오바마-메드베데프 밀담
닮아도 너무 닮은 두 개의 삼각관계

008 북핵과 북중관계, 그리고 미국의 함정 　　122

중국을 북한으로, 소련을 중국으로 바꾸면
MD와 미중관계의 안정은 양립할 수 있나?
북핵과 MD, 그리고 미중관계

009 MD에 대한 중국의 우려와 대응 　　134

중국이 MD를 우려하는 이유
중국은 과연 먼저 핵무기를 쓰지 않을까?

010 중국과 러시아의 결속은 반(反)MD로 시작됐다 　　146

미국-소련(러시아)-중국 3자관계 동학
MD에 맞서기 위해 손을 잡다!

011 사드 논란과 동북아 신냉전 　　156

사드란 무엇인가?
사드와 핑퐁 게임: 한미동맹 대 중국-러시아
사드는 중국과 무관한 것일까?
사드 논란, 어떻게 봐야 할까?
21세기의 ABM 조약이 필요하다

3

은밀하게
위험하게

012 트로이의 목마   **178**

'꼼수'로 가득 찬 한미일 정보공유 약정
미국, "3자 MD로 가자!" 환영하는 일본, 편입되는 한국
MD-집단적 자위권-한미일 삼각동맹의 연결고리

013 가랑비에서 소나기로   **194**

김대중-노무현 정부는?
이명박 정권의 MD 참여

014 전시작전권 반환 연기와 MD 참여   **208**

전시작전권과 MD의 잘못된 거래
국방부의 지록위마
이어도와 샹그릴라

015 도자기 가게에서 쿵푸를?   **224**

중국에게 MD는 인화물질?
중국이 MD에 쌍심지를 켜는 이유

016 MD는 목표물을 제대로 맞힐 수 있나?   **236**

패트리엇 에피소드
사드와 SM-3가 대안?
늪

에필로그   MD와 북핵, 두 괴물을 뛰어넘어 '가능성의 예술'을…   **256**
부록   문답으로 풀어본 미사일방어체제(MD)   **272**
주석   **285**

MD는 강대국 정치의 가장 핵심적인 사안이다.
특히 동아시아에서는 MD를 가속화하려는 미일동맹과
이를 반대하는 중러협력체제 사이의 충돌이
거대한 마그마처럼 꿈틀거리고 있다.

그리고 한반도는 그 중심에 있다.

모순과 악연에 관하여

1

2000년 11월의 일이다. 미국 대선에서 공화당의 조지 W. 부시 후보가 대통령에 당선되자, 나는 이런 얘기를 여기저기에 떠들고 다녔다. '부시는 북한과 절대로 협상하려고 하지 않을 것이다. 왜? MD(Missile Defense, 미사일방어체제) 명분을 잃지 않기 위해서!' 그리고 2003년경에 심각한 한반도 위기가 올 것이라고 경고했다. 당시 이런 주장에 대해 많은 사람들은 "지나친 음모론이 아니냐"는 평가를 했다. 그러나 안타깝게도 나의 예측은 적중하고 말았다.

당시 나는 한반도 문제에 대해 말 그대로 초짜였다. 학위가 있었던 것도 아니고 평화네트워크를 만들어 한반도 문제에 발을 담근 지도 불과 1년밖에 되지 않았던 때였다. 그런데 나는 어떻게 이런 예측을 하고, 또 정확히 맞힐 수 있었을까? 여기에는 개인적 사연이 있다.

1999년 여름, 10명 가까이 모여 평화네트워크 창립을 준비하면서 처음으로 한 일이 한국과 미국 언론의 북한 보도에 대한 모니터링이었다. 그런데 나는 외국어고등학교를 나왔다는 이유만으로 미국 신문을 맡게 되었다. 국립중앙도서관에 가서 〈뉴욕타임스〉와 〈워싱턴포스트〉 등 해외 유력 일간지들의 지난 1년 치 북한 관련 기사를 훑어보다가 흥미로운 사실을 발견했다. 가뭄에 콩 나듯 나온 북한 관련 기사는 이런 내용이 주류였다. '북한이 조만간 미국 본토를 공격할 수 있는 대륙간 탄도미사일(Intercontinental Ballistic Missile: ICBM) 개발에 성공할 것이다.' 중앙정보국(CIA) 국장 등 정보기관 수장이나 민간 안보 전문가가 등장해 이런 식의 발언들을 쏟아냈다.

1998년 8월 31일 북한이 소형 인공위성 광명성 1호를 쏘면서 미사일 문제가 최대 이슈이긴 했다. 하지만 미국 정부 안팎에서 북한의 위협을 부풀린다는 느낌도 지울 수 없었다. 그런데 그 이유를 찾는 것은 어렵지 않았다. 미국의 유력 인사들이 언론에 북한 위협론을 제기하면 며칠 후에 어김없이 MD 관련된 법안이나 예산 심의가 있었던 것이다. '이거 심상치 않네.' 이런 의문을 품고 MD 문제를 파헤쳤다. 그러자 빛이 관통하면 일곱 가지 빛깔을 보여주는 '프리즘'처럼 MD를 통해 많은 것이 보이기 시작했다.

'Missile Defense'라는 이름에서도 알 수 있듯이 MD는 일단 방어용 무기이다. 그런데 가장 무서운 공격 무기라고 비난받는다. 세계에서 가장 강력한 창을 갖고 있는 미국이 상대방의 창을 막을 수 있는 방패까지 갖게 된다면, 미국은 그 창을 휘두르기가 더욱 수월해지기 때문이다. MD의 표적이 되어온 북한은 물론이고, 중국과 러시아 등 많은 나라들이 MD에 강력히 반발해온 이유이기도 하다. 또한 MD를 통해 미국 군부-의회-전문가 집단-군수산업체 사이에 얽히고설킨 유착관계를 볼 수 있었다. 대북정책을 비롯한 대외정책의 메커니즘, 미국-중국-러시아의 삼각관계, 유라시아 지정학, 한미동맹의 비정상적인 종속성, 미일동맹과 일본의 군사대국화 등 여러 가지 굵직한 사안들의 단면도 파악할 수 있었다. 특히 미국 공화당이 MD에 얼마나 집착하고 있는지 알 수 있었다.

이에 따라 나는 군산복합체와 유착관계에 있고 '절대안보(strategic stability)'를 신념처럼 받드는 부시 진영이 2000년 11월 미국 대선에서 승리할 경우 한반도 평화프로세스는 '올 스톱'할 것이라는 두려움을 갖고 있었다. 이유는 간단하다. MD는 군산복합체에 막대한 이윤을 보장해주는 '황금알을 낳는 거위'이기 때문이었다. 물론 미국 국민에게는 엄청난 혈세가 들어가는 '돈 먹는 하마'이지만. 따라서 미국 강경파는 어디에선가 미사일이 날아올 수 있다고 미국 국민들에게 겁을 줄 필요가 있었는데, 북한만 한 존재가 없었기 때문이다.

실제로 부시 행정부는 2001년 1월 집권하자마자 빌 클린턴 행정부의 대북정책을 사실상 전면 폐기했다. 여기에는 타결 일보 직전까지 갔던 미사일 협상도 포함되어 있었다. MD를 사활적인 이해관계로 간주한 부시 행정부에게 대북포용정책과 MD 구축은 양립할 수 없는 것이었다. 부시 행정부의 대북정책에서 MD 문제는 핵심 변수 가운데 하나였다. 2006년 11월 미국의 네오콘들이 이라크 전쟁 패배의 책임을 지고 줄줄이 사퇴하기 전까지는 말이다.

2

그럼 오바마 행정부는 어떤가? 미국 최초의 흑인 대통령인 버락 오바마는 2008년 대선 유세 때 '적대국 지도자와의 대화'를 공약으로 제시했다. 대북정책에 대해서는 "북미 직접대화와 6자회담을 통해 한반도 비핵화를 달성하겠다"는 목표를 밝혔다. 그런데 집권 6년이 지나도록 북미 직접대화도 별로 없었고 6자회담은 단 한 차례도 열리지 않았다. 이 사이에 북한의 핵과 미사일 능력은 비약적으로 성장했다. 오바마 대통령은 2009년 '핵무기 없는 세계'를 주창해 노벨 평화상을 선불로 받았다. 그런데도 북핵 문제는 사실상 방치해왔다.

나는 부시의 대북정책은 비교적 정확히 예측했다. MD 덕분(?)이었다. 반면 오바마의 대북정책은 제대로 예측하지 못했다. 오히려 조심스럽게 낙관론을 제기했다. 여러 가지 이유가 있었지만, 오바마가 부시처럼, MD를 위해 장난을 치지는 않을 것이라고 예상했다. 오바마가 MD에 비판적이었던 만큼, MD의 구실을 잃지 않기 위해 북한과의 협상에 주저하는 일은 없을 것이라고 봤던 것이다. 그러나 이러한 나의 예측은 빗나가고 말았다.

그럼 오바마는 왜 이러는 것일까? 다양한 관점에서 설명이 가능할 것이다. 먼저 오바마 행정부는 '북한식 패턴'을 강조한다. '도발-대화-양보-도발'로 이어진다는 북한식 패턴을 깨기 위해 '대화를 위한 대화'에 나서지 않겠다는 것이다. 그리고 북한에게 '대화를 원하거든 비핵화의 진정성을 행동으로 먼저 보여달라'는 입장을 고수하고 있다. 이는 '전략적 인내(strategic patience)'라는 이름으로 널리 알려졌다. 6년째 이 정책을 고수하고 있는 것이 놀라울 따름이다. 부시도 이렇게 하지는 않았다. 아울러 이명박-박근혜 정부로 이어지는 한국 정부의 대북강경책역시 오바마 행정부가 이러한 입장을 견지하는 중요한 배경이라고 할 수 있다. 북한은 믿을 수 없고 남한도 움직이지 않으니 미국으로서는 먼저 나서야 할 필요를 별로 못 느껴온 셈이다.

그런데 이 정도 설명으로는 부족하다. 공식적인 입장이나 표면적인 현상 뒤에 숨어 있는 또 다른 이유가 있을 것이다. 이에 따라 본 책의 주제이기도 한 MD 문제를 중심으로 오바마 행정부가 왜 대북 무시 전략인 '전략적 인내'를 고수하고 있는지 살펴볼 필요가 있다.

오바마 개인적으로는 MD에 비판적이었다. 그는 상원의원 시절 의회 내 대표적인 MD 비판론자 가운데 한 사람이었다. 대통령 당선 직후에도 부시 행정부와는 달리 MD를 정책적 우선순위로 내세우지 않았다. 오히려 "MD 기술이 미국을 보호할 수 있을 것이라고 믿기 전까지는 다른 안보 우선순위에 필요한 자원을 전용해서는 안 될 것"이라며 부정적인 입장을 밝혔다. 필자가 2009년 초에 출간한 《오바마의 미국과 한반도, 그리고 2012년 체제》라는 책에서 "오바마는 MD 명분을 잃지 않기 위해 북한과의 협상에 부정적으로 나오지 않을 것"이라고 예상한 이유도 여기에 있었다.

그러나 '개인' 오바마와 '대통령' 오바마는 달랐다. 이미 MD는 미국 대통령도 함부로 건드리지 못할 정도로 커져버린 것이다. 오바마가 취임 초기 MD에 대해 유보적인 입장을 밝히자, 공화당은 물론이고 오바마 행정부 내 국방 관련 인사들조차 비판의 목소리를 높일 정도였다. 당시 민주당 소속 칼 레빈 상원 군사위원회 위원장이 "군사비를 줄이기 위해서는 MD 규모를 축소해야 한다"는 입장을 개진해 민주당과 공화당 사이의 MD 논란도 첨예해지고 있었다.

오바마는 임기 첫해인 2009년 상반기에 '러시아와의 관계를 어떻게 재설정(reset)해야 하는가'라는 문제에 골몰하고 있었다. 부시 행정부 막바지에 유럽 MD 계획을 놓고 '미사일 위기'라는 말이 회자될 정도로 미러관계는 험악했다. 오바마 행정부가 대외정책의 최우선순위로 삼은 이란 핵문제를 해결하기 위해서도 러시아와의 관계개선이 필수적이었다. 그런데 러시아와의 관계를 풀기 위해서는 유럽 MD를 철회해야 했다. 하지만 이렇게 하면 미국 공화당이 벌떼처럼 들고 일어날 것이 불 보듯 뻔했다. 또한 오바마는 '핵무기 없는 세계'를 주창할 예정이었다. 이를 위한 첫걸음으로 러시아와의 새로운 전략무기감축협정(New START) 협상 전략도 가다듬고 있었다. 러시아와 핵군축 협상에 성공하기 위해서는 부시가 마련한 유럽 MD 계획도 손질해야 했다.

그런데 바로 이때 한반도에서 '전환기적 사건'이 발생하고 만다. 2009년 1월 오바마 행정부 취임과 거의 동시에 북한이 장거리 로켓 발사 준비에 들어갔다는 징후가 포착된 것이다. 오바마 행정부는 북한에게 쏘지 말 것을 거듭 요구했지만, 북한은 고집을 꺾지 않고 있었다. 그러자 미국 내에서는 대북정책을 둘러싼 논란이 벌어지기 시작했다. '대화파'에 해당하는 스티븐 보즈워스 대북정책 특별대표는 북한이 장거리 로켓을 쏘더라도 "과잉대응을 하지 말자"며 대화의 필요성을 주장했지만, 이런 목소리는 극소수였다. 오히려 북한의 로켓 발사 준비는 미국 내에서 강경론이 부상하게 된 결정적 계기가 된다. 북한의 로켓 발사 징후를 '북한식 패턴'이 재연되는 것으로 간주하고는 강경 입장을 정하게 된 것이다.

그 입장은 세 가지였다. 하나는 북한이 인공위성을 쏘더라도 그건 '위성의 탈을 쓴 탄도미사일'이라는 것이었다. 그런데 이러한 결론을 내리는 데는 이명박 정부의 공헌(?)도 컸다. 명확한 결론을 내리지 못한 오바마 행정부가 한국 정부의 입장을 듣기 위해 방한했을 때, 이명박 정부로부터 "북한이 무엇을 쏘든 그건 탄도미사일이고, 이는 유엔 안보리 결의안을 위반하는 것인 만큼 안보리에 회부해야 한다"는 입장을 들었다. 또 하나는 대북정책의 핵심 기조로 '한미일 삼각 공조'를 정한 것이다. 이는 북미 직접대화와 6자회담을 우선시한 오바마의 대선 공약이 궤도에서 이탈하기 시작했다는 것을 말해준다. 대북정책에서 북한이 사라진 것이다. 마지막으로 중국을 압박하기로 한 것이다. 북한의 확실한 변화 없이 6자회담을 하는 것은 중국에게 이로운 일만 해주는 셈이라며, 중국이 6자회담을 원한다면 북한부터 다잡으라는 의미였다.

그런데 이 세 가지를 관통하는 것이 바로 MD였다. 북한의 발사체를 탄도미사일로 규정하면 MD의 필요성은 당연히 높아진다. 또한 미국 군부는 북한의 로켓 발사 및 뒤이은 2차 핵실험을 한미일 3자 MD를 구축할 수 있는 "좋은 기회(good chance)"로 간주했다. 그러고는 한국 및 일본과 밀실협의에 들어가, 3자 MD를 기반으로 군사안보협력을 강화하기로 하고 구체적인 과제로 한미일 군사정보공유까지 추진하기 시작했다. 2014년 12월에 체결된 한미일 정보공유 약정의 씨앗은 2009년부터 뿌려진 것이다.

미국은 또한 중국을 압박하기 위해 MD 카드를 사용하기 시작했다. 중국은 미국 주도의 MD를 가장 큰 전략적 위협으로 간주하고 있었다. 이에 따라 미국은 중국이 북한의 버릇을 고쳐주지 않으면 중국의 핵심적인 안보 위협, 즉 MD를 비롯한 아시아-태평양에서의 전력 증강에 나서겠다고 경고하기 시작했다.

물론 이러한 해석이 오바마 행정부가 MD를 위해 애초부터 북한 위협론을 악용하려 했다고 주장하기 위함은 아니다. 이보다는 2009년 4월 북한의 장거리 로켓 발사 강행이 미국 내에서 대화파의 입지를 축소시키고 MD를 고리로 삼는 한미일 삼각동맹파의 득세를 야기한 것이라고 할 수 있다. 더구나 공교롭게도 북한의 로켓 발사는 '핵무기 없는 세계'를 주제로 한 오바마의 체코 프라하 연설 8시간 전에 이뤄졌고, 이에 따라 전 세계 언론은 오바마의 연설보다 북한의 로켓 발사를 더 비중 있게 보도했다. 그것이 북한의 분탕질로 자신의 구상에 오점이 생겼다고 판단한 오바마가 대북강경책을 선택하게 된 또 하나의 요인이라고 할 수 있다.

이렇듯 2009년 상반기를 거치면서 미국 내에서는 북한과의 협상보다는 MD를 중시하는 기류가 사실상 굳어지고 말았다. 이즈음 미 국무부 동아태 차관보로 발탁된 커트 캠벨은 한미일 3자 안보협의 및 '아시아로의 귀환(pivot to Asia)' 전략을 설계하기 시작했다. 부시 행정부 때 국무부 동아태 차관보가 6자회담 수석대표를 맡았던 것과는 달리 오바마 행정부는 6자회담 수석대표로 국무부 차관보보다 직책이 낮은 사람을 임명하고는 차관보에게 동아시아 군사안보 전략 마련에 몰두하게 한 것이다.

오바마의 거대 비전으로 일컬어지는 '핵무기 없는 세계'와 MD, 그리고 대북정책 사이의 관계를 살펴보는 것도 중요하다. 미국 국내정치적으로 볼 때, 오바마의 '핵무기 없는 세계' 구상은 MD와 정치적 거래 관계에 있었다. 이는 오바마가 상원에게 새로운 전략무기감축협정을 비준해달라고 요청하면서 공화당에게 "MD를 차질 없이 추진하겠다"는 편지를 보낸 것에서 분명히 드러난다. 그런데 북한과 협상해서 좋은 성과가 나오면 MD는 치명타를 입을 수밖에 없다. 1부에서 자세히 다루겠지만, 북핵은 20년 가까이 MD의 최대 명분이었기 때문이다.

오바마 행정부는 "같은 말(horse)을 세 번 사지 않겠다"고 입버릇처럼 말한다. 1994년 북미 제네바합의와 2005년 6자회담의 9·19 공동성명이 북한의 속임수였으니, 더 이상 세 번째 합의는 있을 수 없다는 의미이다. 그만큼 북한에 대한 불신이 강하고, 협상은 소용없다는 비관주의가 팽배하다. 한국 정부도 미국의 '전략적 인내'를 따라가기 바쁘다. 한국이 움직이지 않으니 미국이 나서야 할 이유는 더욱 줄어들고 있다. 이처럼 북한에 대한 불신과 한국의 무위(無爲)가 맞물리면서 미국이 한반도의 현상유지를 선호하는 결과로 이어지고 있다. '언젠간 북한이 망하겠지'라는 막연한 희망을 품고 말이다.

그런데 미국의 대북정책에는 근본적인 딜레마가 숨어 있다. 미국이 북한과의 협상에서 실패해도 문제고, 성공해도 문제가 된다는 것이다.

성공이 문제가 될 수 있다는 이유는 이렇다. 북핵 문제 해결은 한반도 정전체제의 평화체제로의 전환과 북미관계 정상화 등 근본문제의 해결과 병행해서 이뤄져야 한다. 그런데 한반도 적대관계 종식은 주한미군 주둔을 비롯한 미국의 동아시아 전략에도 중대한 변화를 야기할 공산이 크다. 아시아 현상유지를 선호하는 미국으로서는 결코 달갑지 않은 상황인 것이다. 한편 대북 협상에서 또다시 실패할 경우, 북한의 속임수에 넘어갔다는 비판을 자초하게 될 것이다.

MD 문제 역시 마찬가지이다. 이는 존 케리 국무장관의 발언이 빚어낸 해프닝에서도 확인할 수 있다. 2013년 4월 중국을 방문한 케리는 "중국의 역할에 힘입어 북한 핵문제가 해결되면 아시아-태평양 지역에서 MD를 증강해야 할 논리적 이유가 사라지게 될 것"이라고 말했다. 그러자 미국 공화당이 발끈하고 나섰고, 오바마 행정부는 해명하느라 진땀을 흘렸다. 그 이후론 북한 위협론을 근거로 제시하면서 MD를 차질 없이 진행하겠다고 다짐하고 있다.

이처럼 미국은 북한을 MD 구축의 최대 명분으로 삼아왔다. 동시에 미국은 남한을 MD에 포섭하려고도 해왔다. 바로 이 대목에서 MD가 한반도의 적대적 분단구조를 적나라하게 품고 있다는 것을 알 수 있다. 미국이 한국을 MD 체제에 끌어들이려고 하는 데는 세 가지 이유가 깔려 있다.

우선 한국은 MD의 명시적·잠재적 대상국인 북한, 중국, 러시아와 가장 인접한 미국의 동맹국이다. 3만 명에 가까운 주한미군이 주둔하고 있고, 평택기지를 확장해 동북아 최대 군사기지를 만들고 있다. 또한 MD 체제의 핵심이 상대방의 미사일 발사를 얼마나 빠르고 정확하게 포착하고 추적하느냐에 달려 있는 만큼, 미국으로서는 한국을 MD 전초기지로 삼고 싶어 한다.

둘째는 한국이 MD에 편입되면, 미국 전략가들의 오랜 소망인 한미일 삼각동맹 구축이 수월해지기 때문이다. 한미·미일동맹으로 이원화된 동맹 구조에서 한일 군사관계만 엮으면 자연스럽게 한-미-일로 갈 수 있게 된다. 그 연결고리가 바로 MD이다. 미국은 미군이 주둔하고 있는 한국과 일본은 '단일 전장권'이라는 논리를 내세워 한국도 일본 및 주일미군기지 방어에 기여해야 한다는 논리를 펴왔고, 이명박-박근혜 정부도 이에 호응해왔다. 이러한 방식으로 한미일 3자가 MD로 엮인다는 것은 세 나라가 사실상 집단적 자위권을 행사한다는 것을 의미한다. 이는 곧 3자 군사동맹으로 가는 지름길에 해당된다.

끝으로 무기 판매와 MD 자산 공유 등 경제적 이익도 빼놓을 수 없다. 경제력과 군사비 지출에 있어서 세계 10위권인 한국이 MD에 참여할 경우 미국의 무기 판매 수익도 자연스럽게 올라간다. MD라는 방어용 무기뿐 아니라 미사일과 전투기 등 공격용 무기 판매도 늘어난다. 한미일이 MD를 강화할수록 그 대상이 되는 북한과 중국도 군사력을 증강시킬 것이고, 이는 곧 추가적인 무기 수요를 창출할 것이기 때문이다. 또한 한국의 MD 자산이 늘어날 경우 미국도 함께 사용할 수 있기 때문에 군비삭감 시대에 접어들고 있는 미국의 부담도 줄어들게 된다.

최근 한미 간에 '상호운용성'이 강조되고 있는 것도 이러한 맥락에서 이해할 수 있다.

이처럼 MD는 '북한은 미국의 꽃놀이패가 되고 남한은 현금자동지급기(ATM)가 되고 있는 현실'을 상징적으로 보여준다. 이 악순환의 고리를 끊는 것이 한반도 평화의 가장 큰 과제가 되고 있다.

3

아마도 이 책을 읽은 분들은 다음과 같은 두 가지 반응을 보일 수 있다. 하나는 필자가 거의 모든 사안을 MD로 환원하면서 'MD 결정론'의 오류에 빠진 것 아니냐는 것이다. 필자 역시 이러한 편향성을 의식하고 있다. 그러나 MD가 미국의 한반도 정책을 이해하는 데 핵심이라는 문제의식은 여전히 유효하다. 'MD 결정론'에 빠지지 않으면서도 미국의 한반도 정책의 숨겨진 키워드가 MD라는 것을 인식하자는 것이 필자의 주장인 셈이다.

또 하나는 '한반도 평화는 오지 않을 것'이라는 불안감일 것이다. 미우나 고우나 한반도 평화를 위한 미국의 역할은 막중하다. 그런데 이 책을 읽다 보면 미국이 MD를 비롯한 군사전략상의 이익 때문에 한반도 문제를 풀려고 하지 않을 것이라는 생각을 더욱 강하게 가질 수 있다. 미국이 이러한 경향성을 갖고 있는 것은 분명하다. 그러나 이게 곧 체념의 근거가 될 수는 없다는 것이 필자의 생각이다.

미국의 국익과 정책은 결코 고정된 것이 아니다. 북한을 '악의 축'으로 지목했던 당사자는 부시였지만, 북한을 테러지원국에서 해제한 이도 부시였다. 반대로 "필요하다면 북한 지도자와도 만나겠다"고 다짐했던 오바마는 지난 6년간 북한을 철저하게 무시해왔다. 미국 내에서는 MD를 하는 게 국익이라고 주장하는 사람이 다수이지만, MD에 대해 날카로운 비판을 가하고 있는 미국 사람들도 많다.

이에 따라 우리는 미국의 의도를 날카롭게 직시하면서도 '미국은 한반도 평화를 원하지 않는다'는 고정관념도 경계해야 한다. 적대적인 한반도의 현실을 이유로 편협한 이익을 추구하려는 세력을 견제하면서 협상파들의 입지를 강화시킬 수 있는 외교적 지혜가 필요하다. 이를 통해 미국이 북핵 문제의 평화적인 해결을 포함한 한반도 문제 해결이 자신들의 이익에도 부합한다는 생각을 갖게 해야 한다. 역사에게 길을 물어보면, 이게 불가능하지 않다는 것을 알 수 있다.

MD 문제와 처음으로 마주친 김대중 정부는 가능성과 한계를 동시에 보여준 바 있다. 남북정상회담이 성사되자 미국 언론들은 '북한이 정말 위협적이냐'는 의문을 집중적으로 제기했다. 미국 내 강경파들이 북한 위협론을 근거로 MD를 추진하려고 했는데, 남북관계가 급진전되면서 북한을 다시 봐야 한다는 목소리가 커진 것이다. 결국 공화당으로부터 "빨리 MD를 하라"는 압력을 받았던 클린턴 행정부는 이 문제를 차기 정권으로 넘겨버리고 북한과의 대화를 선택했다. 우리가 남북관계라는 한반도 문제의 기본을 잘 풀어나가면 MD와의 악연도 끊을 수 있다는 것을 보여준 사례라고 할 수 있다. 앞서 언급한 것처럼, 노무현 정부 임기 후반부에도 이와 비슷한 상황이 있었다. 'MD의 화신' 이었던 부시 행정부의 변신에는 노무현 정부가 중국과 손을 잡고 집요하게 설득했던 과정이 주효했다. 이처럼 김대중-노무현 정부의 10년은 오늘날 '온고지신(溫故知新)'으로 삼아야 할 지혜들이 많다.

'반면교사(反面教師)'도 있다. MD와 이니셜이 비슷한 이명박(MB) 정부의 사례가 바로 그것이다. 이명박 정부 대외정책의 핵심에는 흡수통일이 똬리를 틀고 있었다. 북한을 흡수통일하려면 미국의 지지와 협력도 필요하다고 봤다. 이걸 놓칠 미국이 아니었다. 미국은 "한국이 통일하려면 일본의 도움이 필요하다. 그러려면 한일관계를 강화해야 한다"고 요구했다. 이명박 정부도 이러한 권고를 따랐다. 그리고 미일동맹은 "북한 정보를 공유하는 게 중요하다"며, 한일 군사정보보호협정을 요구했고, 그 핵심적 목적은 한미일 MD에 있었다. 흡수통일이라는 허무맹랑한 꿈이 한국을 미국 주도의 MD 체제에 깊숙이 끌고 들어간 것이다. 안타깝게도 박근혜 정부 들어서도 이러한 움직임은 지속되고 있다.

1

악연의 시작
모순의 폭발

001 '비수'를 품은
1972년 모스크바와
2000년의 오키나와

30년간 칭송을 받았다가 지금은 '냉전시대의 유물'처럼 잊혀진, 그러나 지금도 가끔씩 거론되는 조약이 하나 있다. 탄도미사일방어(Anti-Ballistic Missile: ABM) 조약이 바로 그것이다. 탄도미사일 요격체를 뜻하는 'ABM'은 오늘날 미사일방어체제(Missile Defense: MD)와 같은 말로서, 이 조약은 MD 구축을 사실상 금지한 것이다.

1972년 소련 모스크바에서 리처드 닉슨 미국 대통령과 레오니드 브레즈네프 소련 서기장이 체결한 이 조약은 29년 후, 서울-워싱턴-모스크바를 동시에 뒤집어놓게 된다. 남북한의 분단된 현실, 한반도의 현재진행형인 냉전과 지정학적 위치, 한미동맹의 종속적인 현실과 조지 W. 부시 행정부의 오만방자한 태도, 한국 외교안보팀의 무능이 총체적으로 맞물리면서 한국 외교 사상 최악의 참사를 불러오게 된다.

ABM 조약이
전략적 안정의 초석이었던 이유

본격적인 논의에 앞서 ABM 조약과 MD의 역사적 맥락을 이해할 필요가 있다. 피상적으로 보면 ABM 조약은 대단히 희한한(?) 조약이다. 상대방의 핵미사일을 막을 수 있는 방어망 구축을 사실상 포기한 것이기 때문이다. 상대방의 핵미사일이 워싱턴이나 모스크바에 떨어지면 수백만 명이 죽을 수도 있는데, 왜 두 나라는 방어망 건설을 포기한 것일까?

1950년대 이후 미국과 소련은 서로를 절멸시킬 수 있는 핵미사일을 증강시켜나갔다. 그러면서 양측은 마음만 먹으면 상대방을 초토화시킬 수 있다는 '자신감'과 언제든 상대방의 핵미사일 공격을 받을 수 있다는 '두려움'에 사로잡혀 있었다. 이에 따라 미국과 소련은 상대방의 핵미사일이 자신의 땅에 떨어지기 전에 막을 수 있는 '신의 방패'를 꿈꾸기 시작했다.

그러나 방패를 만들려고 하면 할수록 그 꿈에서 멀어져갔다. 모든 조건이 공격자에게 유리했고, 시제품을 만들어 실험해보면 실패하기 일쑤였다. 또한 방패를 무력화할 수 있는 대응수단이 얼마든지 있으며, 천문학적인 비용이 소모될 것임을 깨달았다. 무엇보다도 MD는 화살이나 창을 막는 방패와는 차원이 다르다. 초속 5km 안팎에 달할 정도로 초고속으로 날아오는 미사일을 미사일이나 레이저로 요격한다는 것은 '총알로 총알을 맞히는 것'에 비유될 정도로 성공확률이 낮다. 이에 따라 MD가 절대안보(absolute security)를 실현시켜줄 것이라는 환상은 곧 '절대안보를 추구하는 것이 더 큰 불안을 초래한다'는 이성의 밑거름이 된다.

여기서 나온 개념이 바로 '전략적 안정'이다. 이와 관련해 미국의 국립과학아카데미는 상호 간의 군비경쟁을 최소화하고(군비경쟁 안정) 선제공격을 가하려는 동기를 제거할 때(위기 안정) 전략적 안정이 달성될 수 있다고 설명한다.● 이러한 맥락에서 볼 때, MD는 전략적 안정을 해치는 가장 대표적인 무기체계이자 군사전략이다. 어느 일방이 MD를 갖게 되면, 다른 일방은 그 방패를 무력화하기 위해 '더 많이, 더 빠르고, 더 다양한' 미사일을 만들려고 한다. 전략적 안정의 한 축인 '군비경쟁 안정'에 역행하는 결과를 낳는 것이다. 동시에 MD를 갖고 있는 나라는 자신이 먼저 상대방을 공격하더라도 상대방의 보복을 MD로 막을 수 있다고 여길 수 있다. '선제공격'이 훨씬 수월해지는 것이다. 내가 그렇게 생각하지 않더라도 상대방은 그렇게 우려한다. 이렇게 되면 전략적 안정의 또 다른 축인 '위기 안정'이 극히 어려워진다.

1972년 미국과 소련이 ABM 조약을 체결했던 핵심적인 사유도 여기에 있었다. 그 의미는 당시 미국 협상 대표였던 헨리 키신저(Henry

---

●   이와 관련된 구체적인 내용은 이렇다. "전략적 안정의 목표는 '군비경쟁 안정'과 '위기 안정'으로 나뉜다. 군비경쟁 안정은 핵군비경쟁을 중단하거나 완화하는 것을 의미하고, 위기 안정은 어느 일방이 선제적 공격을 통해 군사적 우위를 확보하려는 동기를 제거함으로써 이뤄질 수 있다."

Kissinger) 백악관 국가안보보좌관의 발언에 잘 담겨 있다. "ABM 조약은 잠재적으로 위험한 방어경쟁을 제거할 수 있을 뿐만 아니라, 공격용 무기를 배치하려는 동기도 위축시킬 수 있다."[1] 그는 또한 "한 나라의 절대안보는 다른 모든 나라에겐 절대불안을 의미한다"며, 절대안보를 추구하는 것이 가장 어리석인 안보전략이라고 일갈하기도 했다. "전략적 안정은 적대국이 언제든 엄청난 보복을 가할 수 있고, 어느 일방도 핵무기를 사용할 수 없는 균형 상태로 정의될 수 있기" 때문에,[2] ABM 조약이 바로 전략적 안정의 초석이었다는 것이다.

미국의 저명한 역사학자인 존 루이스 가디스(John Lewis Gaddis)는 ABM 조약의 역사적 의미를 이렇게 정리했다. "이 조약은 처칠과 아이젠하워의 아이디어, 즉 즉각적인 절멸에 대한 전망을 동반하는 취약성이 미소관계의 안정적이고 장기적인 기초가 될 것이라는 인식을 양측이 최초로 공식 인정했다는 것을 의미한다." 한마디로 '취약성이 안보에 기여한다'는 뜻이다.[3]

그런데 이러한 생각, 즉 서로가 절멸의 취약성을 안고 사는 것이 방어망을 구축하는 것보다 낫다는 주장에 처음에는 소련이, 나중에는 미국이 동의하지 않으려 했다. 그만큼 ABM 조약 협상은 난항을 겪었다. 그러나 난산(難産) 끝에 나온 이 조약은 그 이후 약 30년 동안 "국제평화와 전략적 안정의 초석"이라는 칭송을 받아왔다. 이 사이에 우여곡절이 없었던 것은 아니다. 우주에 레이저 무기를 배치해 소련의 핵미사일을 요격하겠다는 전략방위구상(SDI)을 들고 나온 로

널드 레이건 행정부는 ABM 조약이 못마땅했다. '전략적 안정'이라는 알쏭달쏭한 표현은 달리 말하면 '상호확증파괴(Mutually Assured Destruction: MAD)'이다. '너 죽고 나 죽고 모두 죽는 공포의 균형'을 유지해야 평화가 유지된다는 전략이다.

이는 현실 세계에서는 불가피한 측면이 있지만, 도덕적·정치적 관점에서 볼 때는 대단히 모욕적인 것으로 해석할 수 있었다. 이 문제를 현실정치에서 전면으로 들고 나온 정권이 레이건 행정부였고, 조지 W. 부시는 레이건을 우상으로 삼았다. 이들의 눈에 MAD에 의존하는 평화는 모욕적인 것이고, 반면에 "MD에 기초한 평화는 재앙의 그림자를 말끔히 치울 수 있는 길"로 비춰졌다.[4]

1981년 취임사를 통해 소련을 "범죄와 거짓말과 속임수를 일삼는 집단"이자 "세계 공산화"를 획책하는 집단으로 묘사한 레이건 대통령은 2년 후 소련을 "악의 제국"이라고 칭하면서 '스타워즈(SDI의 별칭)'를 천명했다. "우리가 적의 전략미사일이 미국이나 우리 동맹국의 영토에 떨어지기 전에 요격할 수 있다면 무엇이 문제인가"라며, MAD와의 결별을 선언했다. 그러면서 "우리는 SDI를 추진하면서 ABM 조약에 대한 좁은 해석이 이 구상에 어떤 차질을 빚고 있는지 깨달았다"고 말했다. 이는 ABM 조약을 넓게 해석하거나 아예 이 조약을 파기하고 SDI 구상을 밀어붙여야 한다는 의미였다. 레이건 행정부가 스타워즈 구상을 결정하는 데 막대한 영향력을 행사한 원자물리학과 에드워드 텔러는 "미국은 SDI를 통해 상호확증파괴에서 확실한 생존

(assured survival)"으로 이동할 것이라고 호언장담했다.[5]

그러나 MAD가 전략적 안정의 다른 표현이듯이, 미국이 MAD에서 MD에 의존하는 절대안보로 방향을 튼다는 것은 소련과의 전략적 안정의 기초가 허물어진다는 것을 의미했다. 실제로 소련은 미국의 SDI 및 핵전력 증강을 '핵전쟁 준비 계획'으로 간주하고 대규모 군비증강에 나섰다. 이로 인해 1986년에는 소련이 보유한 핵무기 숫자가 4만 개까지 치솟았다. 또한 '경보 즉시 발사(launch on warning)' 시스템을 강화해 미국이 선제공격할 조짐을 보이면 먼저 공격하기 위한 준비 태세에도 박차를 가했다. 미국 역시 소련과 흡사한 군사 조치를 취해나갔다. 이에 따라 전략적 안정의 두 축인 '군비경쟁 안정'과 '위기 안정' 모두 뿌리째 흔들렸다.

한편 기대했던 SDI는 당시 화폐가치로 500억 달러가 넘는 예산을 퍼붓고도 이렇다 할 능력을 보여주지 못했다. 유럽과 미국에서는 수많은 사람들이 '반전·반핵' 피켓을 들고 주요 도시의 거리를 누볐고 미국 내에서는 '스타워즈'가 '공상과학영화에서나 가능할 법한 환상'이라는 비난이 쏟아졌다. 결국 레이건은 소련의 새 지도자 고르바초프와의 대화를 선택했고 SDI 예산도 줄이기 시작했다. 그 결과 미국과 소련은 총성 한 방 울리지 않고 냉전종식을 선언하기에 이른다.[6]

남북정상회담,
MD를 요격하다!

레이건 행정부와 그의 후임자인 조지 H. W. 부시 행정부는 ABM 조약을 느슨하게 해석해 MD 구축을 시도하려고 했다. 반면 1993년 집권한 민주당의 빌 클린턴 행정부는 MD 자체에 미온적이었고, ABM 조약을 준수하겠다는 입장이었다. 그러나 1994년 중간선거에서 공화당이 '미국과의 계약(Contract with America)'을 내세워 압승한 이후 상황이 달라지기 시작했다. 클린턴은 "국가미사일방어체제(NMD)를 빨리 만들라"는 공화당의 공세에 시달려야 했고 이로 인해 조심스럽게 ABM 조약 개정을 러시아에 타진하기 시작했다.●

　바로 이 시점에 한반도와 MD 사이의 악연의 씨앗이 뿌려졌다. 미국 중간선거 직전에 나온 것이 바로 북미 간의 제네바합의였다. 그런데 공화당의 눈에 비친 제네바합의는 "악행에 대한 보상"이자 "북한의 위협에 미국이 굴복한 것"이었다. 공화당은 이 합의를 맹렬히 비난하면서 '미국과의 계약'을 캐치프레이즈로 들고 나왔는데, 그 핵심이 바로 MD 구축이었다. 공화당에게 제네바합의와 MD는 양립할 수 없는

● 　　참고로 클린턴 행정부는 MD를 미국 본토 방어용인 국가미사일방어체제(NMD)와, 해외 주둔 미군 및 동맹국 방어용인 전역미사일방어체제(TMD)로 나눠 접근했다. 이를 조지 W. 부시 행정부는 '전 지구적 MD'로 통합했고, 오바마 행정부는 이를 다시 나눠 TMD는 '지역 MD'로, NMD는 '지상배치중간단계방어체제(GMD)'로 부르고 있다.

　　　　　　　　　　　　　　　　　　　　　　　MD본색: 은밀하게 위험하게

것이었고, MD를 살리기 위해서는 제네바합의를 죽여야 했다.

공화당의 맹폭에 시달린 클린턴 행정부는 'NMD 3+3' 계획을 타협안으로 제시했다. 1997년부터 3년간 실험평가를 해보고 2000년에 그 결과를 평가해 성능이 확인되면 3년간 실전 배치에 들어간다는 계획이었다. 그런데 미국 내 NMD 논란이 첨예하던 1998년 8월, 〈뉴욕타임스〉는 북한이 금창리에 핵시설을 비밀리에 건설하고 있다고 특종(?) 보도했다. 2주 후엔 북한이 장거리 로켓을 발사했다. 핵과 로켓이 만나면서 북한 위협론이 워싱턴을 강타했고 NMD 조기 구축론은 더욱 거세졌다. 한반도와 MD의 악연이 본격적으로 시작되는 순간이기도 했다.

공화당의 공세에 밀린 클린턴 행정부는 거듭 러시아에 ABM 조약 개정을 타진했다. 그러나 러시아가 반대 입장을 고수하자 클린턴은 ABM 조약 개정과 전략무기감축을 연계시키는 방안을 들고 나왔다. 2000년 6월 11일 클린턴은 블라디미르 푸틴 대통령과의 정상회담에서 러시아가 ABM 조약 개정 요구를 받아들일 경우, 6500개에 달하는 핵탄두를 1500~2000개로 줄이는 것을 적극 검토할 의사가 있다고 밝혔다.

그러나 푸틴의 반응은 냉담했다. 북한의 위협 자체가 ABM 조약을 바꾸면서까지 MD를 추진해야 할 사유가 되지 않는다는 입장이었다. 오히려 그는 대안을 내놓았다. 미국이 MD 구상을 포기할 경우 러시아가 북한의 장거리 미사일 개발 포기를 설득하고, 그 대가로 북한이 필요로 하는 민간위성 기술을 지원할 의사가 있다고 밝힌 것이다.

이처럼 미국과 러시아가 MD 및 ABM 조약을 둘러싸고 신경전을 벌이고 있을 즈음, 한반도에서 중대한 사건이 발생했다. 분단 이후 최초로 열린 남북정상회담이 바로 그것이었다. 이 회담은 미국의 MD 구상에 '무언의 돌직구'를 던졌다. 남북관계가 획기적으로 발전하고 북한에 대한 국제사회의 인식이 크게 달라지면서 북한 위협을 최대 구실로 삼은 MD의 추진력이 크게 저하된 것이다. 과학자들이 중심이 되어 만든 미국의 비영리단체 '살 만한 세상을 위한 위원회(Council for a Livable World)'의 존 아삭 회장은 "북한은 MD의 구실이 되어왔다. 그러나 남북정상회담은 MD 풍경을 변화시켰다"라고 말하기도 했다.

돌이켜보면 1차 남북정상회담의 '나비효과'는 전 지구적으로 커다란 파장을 일으켰다. 당시 미국이 국제사회 상당수 국가들의 반대에도 불구하고 MD 구축을 강행하려고 하면서, 세계정세가 요동치고 있었다. 미국과 러시아는 ABM 조약 개정 여부를 두고 첨예하게 맞섰다. 러시아와 중국은 미국의 MD를 일방적 패권주의로 규정하고 공동대응을 다짐하고 있었다. MD가 냉전시대 라이벌이었던 중국과 러시아를 결속시키는 결과를 낳기 시작한 것이었다.

MD가 야기한 균열은 여기서 멈추지 않았다. 미국이 냉전시대부터 세계 전략의 핵심 축으로 삼아왔던 북대서양조약기구(NATO)마저 흔들릴 조짐을 보인 것이다. 그러자 유럽연합(EU)의 핵심관료들이 2000년 5월 중순 워싱턴으로 날아가 미국을 만류하려고 했다. 이렇다 할 성과를 거두지 못하자 노골적인 불만을 토로하는 이들도 있었다. EU 외무장관인 자비어 솔라나는 "만약 미국이 MD 배치를 끝까지 고집한다면, 국제사회는 미국의 건방진 일방주의에 실망하게 될 것"이라며 돌직구를 던졌다. 요스카 피셔 독일 외무장관 역시 "이 문제는 미국과 러시아의 충돌을 불러올 수 있는 핵심적인 사안"이고, "미국 한 나라의 결정에 국제사회는 엄청난 영향을 받게 될 것"이라며 미국의 신중한 결정을 촉구했다.[7]

이처럼, MD를 둘러싸고 국제사회의 갈등이 첨예해지고 있던 시기에 남북정상회담이 열렸다. 이는 한반도뿐만 아니라 국제사회의 평화와 안정을 회복시키는 데 크게 기여했다. 우선 미국 언론의 태도부터 달라졌다. "북한을 미친 국가 취급해온 선입견이 근거 없는 것으로 판명 나고 있다"는 보도가 쏟아졌고, 일부 언론은 비판의 화살을 북한에서 미국의 MD파들에게 돌렸다. 북한의 위협이 과장되었을 뿐만 아니라, 외교적으로 충분히 해결 가능하다는 목소리도 높아졌다. 시들어가던 MD가 1998년 8월 북한의 광명성 1호 발사로 되살아났다면, 1차 남북정상회담은 MD를 역사의 뒤안길로 돌려보내는 듯했다.

이러한 분위기를 잘 보여준 것이 바로 일본 오키나와에서 열린 G8 정상회담이었다. 남북정상회담 한 달 후에 열린 이 회담의 최대 쟁점은 MD였다. 미국은 ABM 조약 개정 및 MD에 대한 선진국들의 지지를 확보하려 했고, 러시아는 반(反)MD 여론을 결집시키는 계기로 삼으려 했다. 결과는 러시아의 완승이었다. 캐나다는 MD에 반대한다는 입장을 분명히 했고, 프랑스는 "MD의 필요성에 회의감을 느끼고 있다. EU의 다수 국가들도 마찬가지"라고 입장을 밝혔다.

미국으로서는 당황하지 않을 수 없었다. 결국 미국도 G8 공동성명에 "전략적 안정의 초석이자 전략 공격무기 감축의 기초인 ABM 조약을 보존하고 강화한다"는 내용에 동의하지 않을 수 없었다. 이러한 내용은 이전 주요 정상회담 공동성명에도 간혹 담기고는 했지만, 미국이 ABM 조약 개정을 위해 외교력을 집중하던 시기였다는 점에서 이전과는 그 의미와 맥락이 달랐다.

당시 남북정상회담을 비롯한 한반도 정세의 변화가 MD에 구체적으로 어떤 영향을 미쳤는지는 불확실하다. 그러나 최대 명분이 북한이었고, 그 북한이 남한과 최초의 정상회담을 진행하는 모습이 교차되면서 MD의 명분이 약화된 것만은 분명했다. 이 기회를 포착한 인물이 바로 푸틴이었다. 그는 G8 정상회담 참석에 앞서 평양을 찾아가 김정일 국방위원장을 만났다. 그리고 기자회견을 통해 "북한은 다른 나라가 위성 발사를 지원하면 장거리 미사일 개발을 포기할 의사가 있다"는 김정일의 발언을 공개했다. 이를 두고 영국 일간 〈텔리그래프〉는 "미국의 MD에 제동을 걸려고 하는 푸틴이 이 기회를 즉각 잡았다"고 평했다.[8]

결국 클린턴은 2000년 9월 1일 조지타운 대학 연설에서 "우리는 NMD 체제가 제대로 작동할 것이라는 절대적인 확신을 갖게 될 때까지 (배치를) 추진해서는 안 될 것"이라며 배치 승인을 차기 정권으로 넘기겠다고 발표했다. 이러한 결정은 NMD가 기술적으로 여전히 미진한 부분이 많고, 러시아와 중국은 물론 미국의 상당수 동맹국들조차 반발하고 있으며, 남북정상회담을 계기로 북한 위협론이 상당 부분 설득력을 잃게 되면서 내려진 것이다. 동시에 클린턴 행정부는 북한과의 고위급 대화에 본격 시동을 걸었다. 남북정상회담을 계기로 남북미 3자관계는 황금기를 구가하기 시작한 것이다.

그러나 2000년의 '정(正)'의 시간은 '반(反)'을 잉태하고 있었다. G8 공동성명에 담긴 ABM 조약 부분은 8개월 후 한국에게 비수로 다가오고 만다. 신처럼 떠받들어온 MD와 한반도 평화가 양립할 수 없다는 점을 확인한 미국 공화당 진영은 한반도 평화프로세스를 베어버릴 칼을 더욱 날카롭게 갈게 된다.

002 서울-워싱턴-모스크바가
동시에 뒤집어진 사연

오늘날의 세계는 냉전시대와는 근본적으로 다르고, 억제와 방어에 대한 우리의 접근법도 변화가 필요하다. 부시 대통령은 대량살상무기와 운반수단으로서의 미사일 위협이 점증하고 있다고 강력하게 주장해왔으며, 우리는 이 문제에 대한 부시 대통령의 리더십을 신뢰하고 있다. MD는 이런 반응의 중요한 요소이기에 우리는 미국이 이 점에 대해 합당한 태도를 취하고 있는 점을 인정하며, 특히 우리 군과 영토 방위를 위해 효과적인 MD를 배치할 필요를 인정한다.[9]

위의 성명에서 "우리"를 '한국 정부'로 바꿔 읽어보면 이 성명의 성격이 분명해진다. 한국이 미국의 MD를 지지할 뿐만 아니라 적극 참여하겠다는 의미이다. 그런데 세 문장으로 이뤄진 이 성명은 한국 정부가 작성해 발표한 것이 아니다. 2001년 3월 초에 조지 W. 부시 행정부가 김대중 정부에게 전달한 비밀 외교 전문에 담겨 있는 것이다. 외교전문에는 김대중 대통령이 워싱턴 방문에 앞서 위와 같은 입장을 공식적으로 발표하면 부시 대통령과의 정상회담 분위기가 좋아질 것이라는 설명도 덧붙어 있었다.

김대중 대통령의 방미 나흘 전인 3월 2일, 이정빈 외교부 장관은 MD 문제에 대한 한국 정부의 입장을 발표했다. 첫 번째와 두 번째 문장은 미국이 제시한 문안을 거의 받아쓰기한 것이었다. 그러나 세 번째 문장이 달랐다. "MD를 배치할 필요를 인정한다"는 미국 측 요구를 그대로 받아들이는 대신 "우리는 미국 정부가 국제평화와 안전을 증진하는 방향으로 동맹국 및 관련 국가들과 충분한 협의를 통해 이 문제에 대처해나가기를 바란다"고 했다. 가장 중요한 부분에 대해 김대중 정부가 미국 측의 요구를 사실상 거부한 것이다. 이에 대해 부시 행정부는 김대중 대통령의 워싱턴 방문 때 철저한 푸대접으로 보복했다.

그렇다면 어떻게 이런 일이 발생할 수 있었을까? 미국은 왜 김대중 대통령의 워싱턴 방문에 앞서 MD 성명 문안까지 작성·전달해, 한국 정부에게 읽고 오라고 했던 것일까?

ABM 조약 파동의
경위

이들 질문에 대한 답을 찾기 위해서는 2001년 2월 말 서울에서 열린 김대중 대통령과 푸틴의 한러정상회담을 복기해볼 필요가 있다. 2월 27일 한러 공동성명에는 "ABM 조약이 전략적 안정의 초석이며 이를 보존·강화"한다는 내용이 담겼다. 앞선 글에서 소개한 G8 정상회담 성명에 담긴 내용을 재확인하는 수준이었다.

나는 이 순간은 잊을 수 없었다. 이 성명이 발표되었을 때, 나는 제주인권학술대회를 마치고 제주공항에 있었다. 한 언론사 기자로부터 전화를 받았다. "정 대표님, ABM 조약을 보존·강화한다는 구절이 한러 공동성명에 들어갔는데 어떻게 생각하세요?" 나는 내 귀를 의심하지 않을 수 없었다. 아무리 김대중 대통령의 MD 반대 입장이 확고하다고 하더라도, 이건 부시에게 정면으로 반기를 든 것이나 마찬가지였기 때문이다. 김대중 정부가 이 구절의 민감성을 모르고 있을 것이라고는 상상도 하지 못했다.

어쨌든 이 한 구절로 인해 서울-워싱턴-모스크바가 동시에 뒤집혔다. 미국을 비롯한 서방 언론들은 한국 정부가 러시아의 입장을 지지함으로써 결국 MD 반대 의사를 나타낸 것이라고 일제히 보도했다. 러시아 언론은 푸틴의 외교적 승리라고 자축했다. 국내 대다수 언론도 김대중 정부가 MD에 반대해 한미 간에 갈등이 일어나고 있다는 요지의 보도를 쏟아냈다.

그러자 김대중 정부는 "ABM 조약 지지와 NMD 반대는 별개"라며 진화에 나섰다. 이정빈 외교부 장관은 기자회견과 언론 인터뷰를 통해 "ABM 조약 강화는 미국이 주장해온 표현이다. NMD 반대와는 관계없다"고 해명했다. 그러나 두 개가 별개라는 말은 스스로 무지를 자인하는 것과 다르지 않다. ABM 조약이 있으면 NMD를 할 수 없다는

MD본색: 은밀하게 위험하게

점은 미국도 알고, 러시아도 알고, 웬만한 전문가들도 알고 있었기 때문이다. 특히 미국은 이미 예전의 미국이 아니었다. 공화당의 공세에 밀려 '울며 겨자 먹기'로 NMD를 추진했던 클린턴과, '스타워즈'에 사활을 건 부시는 차원이 다른 정권이었다. 안타깝게도 김대중 정부는 바뀐 정세를 제대로 인지하지 못하고 있었다.

현실적으로 더욱 심각한 문제는 이 정도의 해명으로는 이미 단단히 뿌리 난 부시 행정부의 마음을 달랠 수 없었다는 데 있었다. 오히려 약삭빠른 부시 외교안보팀은 'ABM 조약 파동'을 MD에 대한 한국의 지지와 참여를 이끌어내기 위한 전화위복의 기회로 삼았다. 위에서 소개한 성명을 발표하고 워싱턴으로 오라고 노골적인 압력을 행사한 것이다.

〈한국일보〉가 관련 문건을 입수해 보도한 2001년 6월 14일자 기사에는 그 생생한 내용이 담겨 있다. 문건에 따르면, 부시 행정부의 토켈 패터슨 국가안전보장회의(NSC) 선임보좌관은 워싱턴에서 유명환 주미 공사와 만나 이렇게 말했다. "부시 대통령이 NMD 추진에 최우선순위를 두고 국내외적으로 어려운 싸움을 하고 있는 상황에서 한국과 같은 동맹국이 러시아와 함께 ABM 조약을 지지하는 내용을 발표한 것은 정말로 혼돈스럽다." 특히 "콘돌리자 라이스 (국가안보)보좌관은 물론 부시 대통령도 화가 나 있다"고 전했다. 그러면서 "다음 주 (한미)정상회담이 좋은 분위기에서 진행될 수 있도록 한국 정부가 3월 2일 NSC 회의 후 다음과 같은 문안으로 입장을 발표해달라"며 미리 작성한 문안을 건넸다.[10] 패터슨이 건네준 문안이 바로 위에서 소개한 성명이다.

그렇다면 한러 공동성명에 ABM 조약 구절이 들어가게 된 경위는 무엇일까? 주무 부처인 외교부의 이정빈 장관은 "ABM 조약의 강화는 미국이 주장해온 표현"이라고 말했다. 미국이 사용했던 표현을 한국이 다시 사용하는 게 뭐가 문제냐는 뜻이다. 당시 김대중 정부의 통일외교안보정책 핵심 참모이자 국가정보원 원장이었던 임동원의 회고는 더욱 구체적이다. "외교부가 자주적인 외교를 위해 이런 입장을 취한 것은 분명 아니었다. 작년에도 오키나와에서 있었던 G8 정상회담에서 미국의 이런 입장이 발표되었기 때문에 여전히 문제가 없을 것이라고 판단했다."[11]

필자는 앞 장에서 "G8 공동성명에 담긴 ABM 조약 부분은 8개월 후에 한국에게 비수로 다가오고 만다"고 쓴 바 있다. 당시 한국 외교안보팀은 불과 8개월 전에 미국 대통령도 동의한 G8 정상회담 공동성명에 담긴 구절을 한러정상회담에서 다시 사용한다고 해서 문제가 될 것이라고는 상상도 못 했던 것이다.

그런데 그 내막을 보다 깊이 들여다보면 주목할 만한 점을 발견하게 된다. ABM 사태가 일파만파로 번지자, 청와대 민정수석실은 진상조사에 들어가 〈한러 공동성명 관련 사항 조사 보고서〉를 작성했다. 〈한국일보〉가 입수·보도한 내용에 따르면, 한국 외교부의 한러정상회담 준비팀은 관련 부처 및 주 러시아 대사관 등의 의견을 반영해 "양측은 ABM 조약의 유지·강화를 희망했다"라는 문안을 작성해 러시아 측에 제시했다. 놀랍게도 ABM 조약 부분을 한국이 먼저 제안한 것이다.

그러자 러시아는 "미국의 NMD 계획에 반대"한다는 내용도 넣자고 수정 제안했지만, 한국 외교부는 수용하지 않았다. 이후 외교부에서도, 청와대에서도 ABM 관련 조항이 제대로 검토되지 않았고, 결국 김대중-푸틴 공동성명에 담기고 말았다. 이렇게 된 배경 역시 "클린턴 행정부에서 사용한 문구이므로 이를 인용하는 것은 문제없다"고 봤기 때문이었다.[12]

ABM 조약 파동은
막을 수 있었다
—

그렇다면 김대중 정부는 ABM 조약 파동을 사전에 막을 수 없었을까? 최소한 미국 대선 유세 때부터 공화당 및 부시 후보가 발표한 입장만 알고 있었다면, ABM 조약의 민감성은 충분히 파악할 수 있었다. 부시는 공화당 대선후보 시절이었던 2000년 6월 23일 외교안보정책 공약을 발표하는 자리에서 이렇게 말했다. "냉전을 뒤로 하고 새로운 위협에 대응할 때가 왔다. 러시아가 ABM 조약 개정 요구를 받아들이지 않으면 미국은 더 이상 이 조약에 구속받지 않겠다." 그는 특히 "차기 대통령의 손을 묶어놓는 어설픈 합의를 하느니 차라리 아무런 결정도 하지 않는 게 미국 안보에 좋다"며 ABM 조약 개정을 타진하고 있던 클린턴을 정조준하고 나섰다. 그는 이후에도 "러시아가 ABM 조약 개정에 동의하지 않으면, 폐기하면 그만"이라는 입장을 줄곧 밝혔다.

이러한 입장은 부시의 대선 공약집에도 명시되었다. 부시는, 러시아가 ABM 조약의 대폭적인 개정에 동의하지 않으면, "6개월 전에 탈퇴할 수 있다는 조약상의 규정에 따라 즉시 그 권리를 행사할 것"이라고 공약집에서 밝혔다. 특히 "새로운 공화당 대통령은 국가안보상의 필요 때문만이 아니라 도덕적인 이유 때문에 MD를 배치할 것이다"라고 명시했다. 그만큼 적대국의 미사일로부터 미국을 보호하는 것은 대통령의 도덕적 의무라는 시각이 강했다.

한국 외교의 상당 부분은 대미외교에 편중되어 있었고, 정보 수집과 분석에 막대한 인력과 예산을 사용하고 있었다. 그런데 한미관계의 중대성을 누구보다도 잘 알고 있던 김대중 정부가 이러한 외교적 미숙을 드러낸 것은 놀라운 일이 아닐 수 없었다. 이 파문의 1차적인 책임이 주무 부처인 외교부에 있었다 하더라도, 청와대 역시 그 책임으로부터 자유로울 수 없었다. 사안 자체가 외교장관 회담이 아니라 정상회담이었고, 청와대 역시 ABM 조약의 민감성을 파악한 것은 파문 이전이 아니라 이후였기 때문이다.

더구나 2001년 초는 MD에 대한 한국의 입장이 초미의 관심사로 부상하던 시점이었고, 김대중 정부는 한미정상회담의 성공적인 개최를 위해 총력을 기울이던 때였다. 그럼에도 불구하고 김대중 정부는 ABM 조약 파동을 예방하지 못하고 말았다. 어쨌든 이 파문으로 인해 김대중 대통령의 방미 길은 가시밭길이 되고 말았다. 심지어 그는 방미 기간에 "ABM 조약 문구가 한러 공동성명에 안 들어가는 게 좋았다"고까지 말해야 했다. 김대중 대통령을 수행했던 임동원의 회고이다.

> 'MD 반대'로 비춰진 이 사건은 '한국은 독자적으로 남북평화조약을 추진하려 한다'는 미국의 오해와 함께 '외교 대통령'이라는 김 대통령의 이미지에도 큰 손상을 입혔다. 뿐만 아니라 새로 집권한 미국 대통령과 첫 정상회담을 하기 위해 워싱턴에 가야 하는 김 대통령의 어깨를 매우 무겁게 만들었다. 김 대통령은 몇 차례에 걸쳐 유감을 표명하지 않을 수 없었다.[13]

국무부의 대북교섭 특사로 재직하면서 김대중-부시 정상회담 실무자 가운데 한 사람이었던 찰스 프리처드의 회고록에도 같은 내용이 담겨 있다. "(한러정상회담에서) ABM 조약의 중요성이 공개적으로 언급된 것은 돌이킬 수 없는 실수였다. 이러한 실수가 본질적으로 부시-김대중 정상회담의 운명을 갈라놓았다." 그러면서 김대중 대통령이 부시 행정부의 "첫 번째 희생자"였다며 안타까워했다.[14]

한편 "이마에 MD를 새긴 정권"이라는 비아냥을 들을 정도로 스타워즈에 골몰하던 부시 행정부는 집권하자마자 빠르게 ABM 조약의 굴레로부터 벗어나기 시작했다. 부시 대통령은 2001년 5월 1일 취임 이후 첫 대외정책 연설에서 "미국은 30년 동안이나 미국의 손발을 묶어온 ABM 조약에서 벗어나 앞으로 나아가야 할 것"이라고 말했다. 부시가 ABM 조약을 탈퇴하고 싶었던 이유는 두 달 뒤 라이스 국가안보보좌관의 입을 통해 단순명쾌하게 나왔다. "MD는 이 조약을 위반한다."[15] ABM 조약과 MD는 양립할 수 없다는 점을 분명히 한 것이다.

그러나 ABM 조약은 미국은 물론이고 20세기 역사에서 가장 중요한 조약 가운데 하나였다. 아무리 부시 행정부가 일방주의의 화신이라고 해도 쉽게 파기하기에는 안팎의 도전이 만만치 않았다. 그런데 2001년 9월에 그 기회가 왔다. 9·11 테러가 발생한 것이다. 이 테러와 ABM 조약은 아무런 관계가 없었지만, 부시 행정부는 테러 발생 3개월 후에 ABM 조약에서 탈퇴한다고 러시아에 통보했다. 러시아 역시 초상집에 가서 빚 독촉할 수는 없었다. 그 결과 미국의 탈퇴 통보 6개월 후인 2002년 6월, ABM 조약은 정확히 30년 만에 역사의 무대 뒤편으로 사라지고 만다.

003 김대중−부시 정상회담
그 막전막후

2001년 1월 25일 오전, 김대중 대통령과 조지 W. 부시 대통령은 전화 통화를 갖고 "가능한 빨리 한미정상회담을 갖기로 합의"했다. 부시 취임 닷새 후였다. 당시 박준영 청와대 대변인은 "김 대통령이, 김정일 국방위원장이 상하이 방문에서 선보인 새로운 사고"를 강조하면서 한미정상회담을 통해 대북포용정책 공조에 나설 것을 제안했다고 밝혔다. 그러나 백악관의 풍경은 전혀 달랐다. 당시 국무부 대북교섭 특사로 두 정상의 전화 통화를 곁에서 지켜본 찰스 프리처드의 《실패한 외교》에는 다음과 같은 회고가 담겨 있다.•

> 김대중 대통령이 북한을 포용할 필요성을 (부시) 대통령에게 말하기 시작하자, 대통령은 손으로 전화기의 송화구를 막으면서 "이자가 누구야? 이렇게 순진하다니 믿을 수 없군(Who is this guy? I can't believe how naive he is!)"이라고 말했다.[16]

• 프리처드는 NSC와 국무부에서 북한 문제를 8년 동안 다뤄왔던 부시 행정부 내 거의 유일한 대북정책 전문가였지만, 2003년 8월 6자회담이 시작되는 과정에서 협상 대표에서 밀려난 뒤 사임했다.

전화 통화를 마친 부시는 프리처드에게 김대중 대통령에 대한 보고서를 작성해 보고하라고 지시했다. 프리처드는 밤샘 작업으로 보고서를 작성해 부시에게 보고했지만, "대통령의 시각을 바꾸지 못했다"고 밝혔다. 그의 회고는 이렇게 이어진다. "그때 나는 부시 대통령이 취한 행동과 그가 김대중 대통령과의 대화에 전혀 흥미가 없다는 사실에 충격을 받았다."[17] 40일 후 김대중-부시의 재앙적인 정상회담의 불씨는 이렇게 잉태되고 있었다.

같은 날, 북한 역시 기대감과 불안감을 동시에 품은 입장을 내놓았다. 외무성 대변인은 "미국의 새 행정부가 우리와의 관계에서 어떻게 나오든 그에 대처할 만반의 준비가 되어 있다"며 이렇게 덧붙였다. "우리는 이성적인 미국 정치인들과의 협상을 통해 지금까지 마련된 조미관계의 진전에 대해서는 평가하지만, 이를 달가워하지 않는 세력들에게 구태여 기대를 걸 생각이 없다. 미국이 우리에게 칼을 내밀면 칼로 맞설 것이고, 선의로 나오면 우리도 선의로 대답할 것이다."

열 받은 부시,
왕따 당한 파월

─

이처럼 2001년 미국의 정권교체기에 한반도 정세는 중대한 분수령을 맞이하고 있었다. 김대중 정부는 2000년에 있었던 남-북-미 3자관계의 황금기를 이어가고 싶어 했다. 국무장관으로 기용된 콜린 파월이 클린턴 행정부의 대북정책을 계승하겠다는 입장을 밝히면서 김대중 정부의 기대감도 커져갔다. 2001년 2월 파월을 만난 임동원 국정원장이 "미국의 국무장관인 그가 한반도 문제에 대한 올바른 시각과 합리적인 생각을 가지고 있다는 인상을 받아 크게 고무되었다"고 밝힌 부분에서도 이러한 분위기를 읽을 수 있었다.[18]

그러나 부시 행정부의 분위기는 정반대였다. 이들은 김정일 정권에 대한 도덕적 반감과 더불어 클린턴 행정부에 대한 정치적 반감을 품고 있었다. 특히 북한을 MD의 최대 구실로, 남한을 그 포섭 대상으로 삼고 있었다. 이런 와중에 'ABM 조약 파동'까지 불거져 한미정상회담에 짙은 그림자가 드리워지고 있었다.

〈뉴욕타임스〉의 백악관 담당 선임기자인 피터 베이커가 출간한 《불의 나날: 백악관의 부시와 체니(Days of Fire: Bush and Cheney in the White House)》에는 그 장면이 생생하게 묘사되어 있다. 한미정상회담을 불과 5시간 앞둔 3월 7일 새벽 5시(미국 시간), 부시 대통령은 〈워싱턴포스트〉를 집어 들었다가 기사 제목을 보고 화들짝 놀랐다. '부시, 클린턴 때 북한과의 미사일 회담 계승키로!' 이 기사는 콜린 파월 국무장관의 3월 6일 기자회견을 바탕으로 작성된 것이었다. 파월은 "부시 행정부는 클린턴 대통령이 물려준 부분에서 북한과의 대화를 준비할 계획이다. 테이블 위에는 몇 가지 유망한 요소가 남아 있고, 우리는 그러한 요소들을 검토해나갈 것이다"라고 말했다.

파월은 1월 17일 국무장관 인준 청문회에서도 유사한 입장을 내놓은 바 있었다. 그는 김정일을 "독재자"라고 부르면서도, '남북관계 발전 적극 지지' '1994년 북미 제네바합의 준수' '클린턴 행정부 때 북미 미사일 협상 계승' 등이 부시 행정부 대북정책의 주요 골자가 될 것이라고 밝혔다. 이러한 입장을 밝힌 데는 2000년 12월에 클린턴 행정부의 대북정책 담당자들이 파월의 자택을 찾아 정책 브리핑을 한 것이 주효했다.

그러나 이건 부시가 딕 체니 부통령으로부터 받은 자문과는 정반대였다. 체니는 "악마와는 대화할 수 없다"며, 북한과의 협상을 중단하라고 요구하고 있었기 때문이다. 당시 외교안보 문제에 문외한이었던 부시는 대북정책을 비롯한 외교안보정책을 체니에게 전적으로 의존하고 있었다. 3월 7일자 〈워싱턴포스트〉를 보고 단단히 화가 난 부시는 콘돌리자 라이스 백악관 안보보좌관에게 전화를 걸었다.

"〈워싱턴포스트〉 읽어봤어요?"

"아니요. 대통령님, 아직…"

"당장 나가서 신문을 가져와요!"

라이스가 신문을 집어 들자, 부시는 퉁명스럽게 말했다. "내가 이 문제를 처리할까요? 아니면 당신이 할래요?" "제가 하겠습니다" 부시와 통화를 마친 라이스는 즉시 파월에게 전화를 걸었다. 그리고 부시와의 통화 내용을 전달하고는 한미정상회담에 앞서 이 문제를 수정해달라고 요청했다. 그날 한미정상회담을 마치고 김대중 및 부시와 나란히 기자회견 자리에 선 파월은 이렇게 말했다. "북한과의 협상이 곧 시작될 것이라는 보도가 있지만, 그것은 사실이 아닙니다." 파월은 "내 스키가 조금 앞서 나갔다"고 우스갯소리로 넘어가려고 했지만, 이 일을 계기로 파월은 부시 행정부 내에서 왕따 신세로 전락하고 만다.

기실 파월은 전날 기자회견에 별 문제가 없다고 봤었다. 클린턴 행정부의 대북정책을 그대로 계승하겠다는 것도 아니고 정책을 재검토하면서 "유망한 요소"를 살리겠다는 취지로 발언했기 때문이다. 그러나 파월은 훗날 왜 부시가 그토록 화를 냈는지 알게 되었다고 회고한다. "치명적인 단어, '클린턴'을 사용했기 때문이죠."[19]

당시 미국 내에서는 'ABC(Anything But Clinton)'라는 말이 유행했다. '클린턴만 아니라면 괜찮다'는 의미이다. 그만큼 공화당과 부시 행정부의 클린턴에 대한 반감이 컸다.(7년 뒤 한국에서는 'ABR'이라는 말이 유행했다. '노무현만 아니면 괜찮다'는 의미이다. 부정의 대가는 혹독한 것이었다. 부시가 북한과의 협상을 중단하면서 북한은 미국 본토까지 다다르는 미사일 개발을 눈앞에 두고 있다. 노무현 정부의 대북정책을 부정한 이명박 정부 시대에 북한의 핵과 미사일 능력도 비약적으로 성장했다. 안타깝게도 이러한 현상은 버락 오바마와 박근혜 정부 때도 이어지고 있다.)

오바마 행정부 등장 직후인 2009년 봄에 북한이 장거리 로켓과 핵실험을 강행했을 때, 워싱턴 정계에서는 또다시 'ABC'라는 말이 유행하기 시작했다. 이번 'C'의 주인공은 미국의 6자회담 수석대표로 9·19 공동성명과 그 1단계, 2단계 이행조치인 2·13 및 10·3 합의를

59

도출한 크리스토퍼 힐(Christopher Hill)이었다. 협상을 중시했던 힐의 노선은 결국 북한이 미국으로부터 양보를 받고는 또다시 도발에 나서게 된 배경이었다는 인식 때문이었다. 이로 인해 두 가지 중대한 변화가 일어났다. 하나는 힐의 정력적인 대북외교가 '전략적 인내'라는 대북 무시정책에 자리를 내주고 말았다는 것이다. 또 하나는 6자회담이다. 부시 행정부 때는 주로 미국이 조건 없는 6자회담을 제시했고 북한이 조건을 다는 경우가 다반사였다. 그러나 오바마 행정부 때는 북한이 조건 없는 회담 재개를 촉구하는 반면에, 미국이 조건을 다는 경우가 훨씬 많아졌다. 그로 인해 2009년부터 2014년 12월 현재까지 6자회담은 한 차례도 열리지 않고 있다.

다시 2001년 초의 상황으로 돌아가보자. 당시 부시의 백악관이 파월에게 열 받았던 이유는 클린턴에 대한 반감이나 김정일에 대한 도덕적 거부감 때문만은 아니었다. 보다 본질적인 원인은 MD를 향해 전력질주할 준비를 갖추고 예열을 가하던 시점에 파월이 찬물을 끼얹었다고 봤기 때문이다. 부시의 대통령 취임을 2주 앞둔 2001년 1월 7일, 〈워싱턴포스트〉의 칼럼니스트 데이비드 이그나티우스는 미국의 대북정책 방향을 가늠할 수 있는 핵심적인 변수는 MD 문제라며 다음과 같이 예상했다. 그리고 그 예상은 적중했다.

> MD에 대한 부시의 열망을 고려할 때 부시 행정부는 현재 진행 중인 (북한과의 미사일) 협상 과정을 뒤엎을 가능성이 있다. (중

략) 부시 행정부가 북한을 바라보는 시각은 대단히 부정적이고, (그들은) 북한을 왜 미국이 MD를 구축해야 하는지 보여주는 명백한 증거라고 여긴다. (중략) 부시가 북한과의 협상을 중단하고 MD 구축을 선택할 경우 절망적으로 가난한 북한으로서는 군사력을 마지막 지렛대로 삼게 될 것이다.[20]

한반도 정세,
짙은 암흑 속으로
—

부시 행정부가 북한과의 협상보다는 북한의 위협을 근거로 MD에 방점을 찍을 것임은 이미 1년 전 대선 캠프에서부터 예고되어 있었다. 2000년 대선에서 부시 진영 외교안보참모였던 콘돌리자 라이스는 《포린어페어》 2000년 1-2월호 기고문을 통해 두 가지 대북정책 방향을 밝혔다. 하나는 "북한을 매수하려고 했던" 클린턴 행정부와는 달리 "북한을 의연하고 단호하게 다뤄야 한다"는 것이었다. 또 하나는 북한의 대량살상무기(WMD) 위협에 대응하기 위해서는 "가능한 빨리 국가미사일방어체제(NMD)를 배치하는 것이 가장 중요하다"는 것이었다.[21]

한편 김대중-부시 정상회담이 다가오면서 클린턴 행정부 때 고위 관료들은 부시 행정부에게 대북정책에 대한 조언을 하면서 짙은 아쉬움을 토로하고 나섰다. 웬디 셔먼 전 대북정책조정관은 "미국의 대선 공방이 북한 미사일 문제를 풀 수 있는 절호의 기회를 침몰시켰다"며, "중요한 세부사항이 남아 있기는 했지만, 북한과의 타협은 거의 이루어질 뻔했다"고 말했다. 국무장관으로 평양을 처음으로 방문했던 올브라이트 역시 "북한은 변화할 수 있는 지역 중 하나였다"며 "우리가 이것을 하지 못한 것을 후회하느냐고 묻는다면, '그렇다'고 대답할 것"이라고 말했다. 이들과 인터뷰한 〈뉴욕타임스〉는 "북한의 미사일 위협이 미국 MD의 강력한 추진력이었기 때문에, 이번 에피소드(클린턴의 방북 무산과 이에 따른 북미 미사일 타결 결렬)와 NMD는 밀접한 연관을 갖는다"고 논평했다.[22]

한국 시간으로 2001년 3월 8일 오후, 한미 정상은 공동발표문을 통해 △한국 정부의 '햇볕정책'에 대한 미국 정부의 지지 △한미 간 긴밀한 공조 △한미동맹의 유지·발전 △한반도 문제에 있어서 한국 정부의 주도권 존중 △김정일 위원장 답방 지지 △억제와 방어를 위한 새로운 접근 등에 합의했다고 발표했다. 발표문만 놓고 보면 큰 성과가 있는 것처럼 보인다. 그러나 프리처드는 양국 합의 가운데 '억제와 방어를 위한 새로운 접근'이 "공동성명의 본질"이라고 봤다.[23] 부시 행정부가 염두에 둔 "새로운 접근"의 핵심은 바로 MD였기 때문이다.

부시는 기자회견 자리에서 북한에 대한 불신도 여과 없이 드러냈다. "나는 북한이 세계에 각종 무기를 수출하고 있는 데 대해 우려를 갖고 있다"며 "북한이 앞으로 무기를 수출하지 않는다고 해도 이런 것들에 대한 검증 장치가 마련돼야 한다"고 밝혔다. 북한의 미사일 개발·생산·실험뿐만 아니라 '수출'까지 철저한 검증을 요구할 것임을 분명히 밝힌 것이었다. 또한 "북한을 상대할 때 발생하는 문제는 투명성"이며 "비밀에 싸인 나라와 협정을 맺을 때 그 나라가 협정 내용을 준수할 것인가를 어떻게 확신하겠는가." 하고 반문했다.

그러나 대다수 국내 언론은 '부시, 대북포용정책 지지' '한미 정상, 대북포용정책 공조키로' 식의 제목을 뽑아 긍정적인 보도를 쏟아냈다. 이와 달리 〈뉴욕타임스〉는 정상회담 다음 날 부시 행정부의 강경 기류를 전했다. 부시가 김대중 대통령에게 "클린턴 행정부 후반기의 대북 미사일 협상 결과에 연연하지 않겠다"며 "당분간 북한과 미사일 회담을 재개할 생각이 없다"고 말했다는 것이다. 이를 두고 〈뉴욕타임스〉는 "김대중 대통령에 대한 분명한 퇴짜"라고 표현했다.

한미정상회담을 누구보다도 유심히 지켜본 북한도 퇴행적인 선택을 하고 말았다. 3월 13일부터 16일까지 서울에서 열릴 예정이던 5차 남북장관급회담을 돌연 연기하겠다고 통보해온 것이다. 당시 장관급회담에서는 김정일 위원장의 답방 등 중요한 현안을 논의할 예정이었다. 그러나 부시의 대북 강경기조로 한미 간에 불협화음이 드러나고 북한이 남북대화마저 연기하면서 한반도 정세는 짙은 암흑 속으로 들어가기 시작했다.

004 MD와 북한,
그 질긴 악연에
관하여

MD는 위협을 먹고 산다. 마땅한 먹잇감이 없으면 위협을 부풀리거나 만들어내기도 한다. 죽은 듯 되살아나기를 반복하고 엄청난 포식성을 자랑하는 '괴물'과도 같은 존재이다. 이 무기를 만드는 군수산업체에겐 '황금알을 낳는 거위'이지만 납세자들에겐 '돈 먹는 하마'이다. '총알로 총알 맞히기'에 비유될 정도로 기술적으로 어려운 게임인 만큼, 최첨단 과학기술이 뒷받침되어야 한다. 다른 나라의 반발에 아랑곳하지 않을 정도로 국제사회에서 패권적인 위치도 점하고 있어야 한다. 자신의 영토와 동맹국, 그리고 해외에 주둔하고 있는 자국군에게 단 한 발의 미사일 피격도 허용하지 않겠다는 절대안보관도 요구된다. 현실적으로 이러한 조건을 갖추고 있는 나라는 미국밖에 없다.

미국 MD의 첫 대상은 미국에 이어 원자폭탄과 수소폭탄을 손에 넣고 미국보다 먼저 대륙간탄도미사일(ICBM)을 개발한 소련이었다. 아이젠하워 행정부가 나이키제우스(Nike-Zeus, 나중에는 Nike-X로 바뀜)를 추진했으나, 그의 바통을 이어받은 케네디 행정부가 부분핵실험금지조약을 체결하면서 수포로 돌아갔다. 이 요격미사일은 핵탄두를 장착해 소련의 핵미사일을 공중에서 요격한다는 개념이었는데, 핵실험금지조약으로 더 이상 공중에서 핵실험을 할 수 없게 되었기 때문이다.

동시에 소련이 미국의 MD에 맞서 더 강력하고 더 많은 핵미사일을 만들 것이라는 우려도 제기되었다. "MD 구축은 안보에 보탬이 되기는커녕 오히려 미국이 군사력을 아무리 강화시켜도 국가안보는 계속 악화된다는 딜레마에 직면하게 만든다." 존 F. 케네디 대통령 보좌관들의 말이다. 쿠바 미사일 위기에서 절멸의 위험을 절감한 케네디는 "인류가 전쟁을 끝내지 않으면, 전쟁이 인류를 끝장낼 것"이라며 '핵무기 없는 세계'를 주창하고 나섰다. 그리고 MD가 핵무기 없는 세계와 양립할 수 없다는 점도 정확히 꿰뚫고 있었다. 케네디의 구상에 대해 인류 사회는 열광했지만, 미국 내 강경파들과 군산복합체는 아연실색했다. 그리고 케네디는 숱한 의문을 품은 총탄에 쓰러지고 말았다.

1960년대 중후반 들어 새로운 위협이 등장했다는 주장이 미국 내에서 맹위를 떨치기 시작했다. 바로 핵실험에 성공한 중국이었다. 그러자 존슨 행정부는 센티널(Sentinel)이라는, 뒤이어 집권한 닉슨 행정부는 세이프가드(Safeguard)라는 새로운 MD를 들고 나왔다. MD의 대상은 소련에서 중국으로 대체되었다. 하지만 이들의 수명도 오래가지 못했다. 아무리 돈을 쏟아부어도 기대했던 성능이 나오지 않았다. 또한 닉슨 행정부가 1972년 중국과 데탕트 시대를 열고, 소련과 탄도미사일방어(ABM) 조약 및 전략무기제한협정(SALT)을 체결하면서 MD가 먹고살 위협 자체가 줄어든 탓도 컸다.

그렇게 10년이 지난 후 레이건 행정부는 '스타워즈'를 천명하면서 소련 위협을 다시 호출했다. 우주에 레이저 기지를 만들어 소련의 핵 미사일을 대기권 밖에서 요격한다는 공상과학영화 같은 얘기였다. 이 역시 에피소드로 끝났다. 기술적으로는 영화 속에서나 가능할 법한 환상이라는 것이 드러났고, 정치적으로는 소련과 냉전종식을 선언하면서 위협이 또다시 사라졌기 때문이다. 이에 따라 조지 H. W. 부시 행정부는 전략방위구상(SDI)을 사실상 폐기하고 해외 주둔 미군을 방어한다는 제한적인 MD로 선회했다. 빌 클린턴 행정부 들어서는 MD의 규모가 더욱 축소됐다.

제네바합의와 '미국과의 계약'의 악연

북한과 MD 사이의 질긴 악연은 이 시기부터 맺어지기 시작한다. 40년 만에 의회 다수당을 되찾기 위해 절치부심하던 공화당은 1994년 11월 중간선거를 40여 일 앞둔 시점에 '미국과의 계약(Contract with America)'이라는 정강 정책을 내놓았다. 이 공약집에 담긴 외교안보 정책 1순위는 이런 것이었다. '효과적인 국가미사일방어체제(NMD)를 만들겠다는 미국의 약속을 부활시키겠다.' 레이건 행정부 때의 스타워즈 구상을 되살리겠다는 것이었다. 그런데 공화당이 정강 정책을 발표한 지 4주 만에 클린턴 행정부는 북한과 제네바 기본합의를 체결하게 된다. MD에 대한 공화당의 광적인 집착과 북한과의 협상에 대한 체질적인 거부감이 조우하는 순간이었다.

'공화당 혁명'이라는 말이 나올 정도로 1994년 중간선거에서 압승을 거둔 공화당은 제네바합의를 맹렬히 공격하는 한편, MD를 되살리기 위해 총력을 기울였다. 공화당의 시각에서는 북한과의 협상을 통해 "악행을 보상"할 것이 아니라 MD를 만들어 북한 위협을 무력화하는 것이 미국식 가치와 도덕에 부합하는 것이었다.[24] 상하원을 장악한 공화당은 제네바합의에 따라 미국이 북한에게 제공키로 한 중유 예산을 수시로 깎거나 늦췄다. 동시에 매년 MD 관련 법안을 만들고 예산을 늘리면서 클린턴 행정부를 압박했다.

이 과정에서 미국의 군산복합체와 보수적 싱크탱크도 맹활약했다. 군산복합체와 이에 기생한 싱크탱크는 1980년대 후반 미국-소련과 유럽의 냉전종식으로 거대한 시장을 상실할 위기에 처했다. 그러자 한편으로는 해외에 무기를 들고 돌아다니며 "무기 사세요"를 외치고, 다른 한편으로 미국의 국내정치에 깊숙이 개입해 군사비를 끌어올리기 위해 안간힘을 썼다. 1991년에는 걸프전을 통해서 '반짝 특수'를 누리기도 했다. 개점휴업 상태였던 미국 군수공장이 걸프전 기간 중 철야에 돌입할 정도로 호황을 맞이한 것이다. 고가의 토마호크 미사일과 패트리엇 미사일 등 재고를 일시에 정리한 다음, 새로운 첨단무기 개발비를 걸프전에서 뽑아냈다. 또한 최첨단 무기가 총동원된 걸프전은 무기 박람회를 방불케 했다. 미국은 이들 무기를 중동 국가들에게 대거 판매했고, 이에 따라 중동은 세계 최대 무기시장으로 떠오르기도 했다.

그러나 걸프전 효과가 수그러들면서 미국의 군수산업은 본격적으로 내리막길을 걷게 된다. 우선 미국 국방비가 대폭 삭감됐다. 1990년대 초중반에 줄곧 3000억 달러 미만으로 유지되면서 1980년대에 비해 거의 반토막이 난 것이다. 또한 구조조정과 인수합병 바람도 거셌다. 제너럴 다이너믹스 등 일부 대형 군수산업체는 무기 사업을 대폭 축소했고, 록히드와 마틴 마리에타가 합병해 록히드 마틴으로 재탄생했다. 보잉도 맥도널 더글러스를 합병했다. 이러한 인수합병 과정을 거쳐 미국 군수산업은 록히드 마틴, 보잉, 레이시온, TRW 등 대형 기업 위주로 재편됐다.

이들 메이저 군수업체들에게 MD 계획은 말 그대로 '황금알을 낳는 거위'였다. 우선 초기 사업 규모가 2400억 달러로 추정될 정도로 그 규모 자체가 엄청났다. 또한 단기적인 수입은 물론이고 중장기적인 수입을 보장하는 측면에서도 MD는 탁월했다. '절대안보'를 신봉하는 미국식 문화에서 현단계 MD의 성능 미비는 이 사업이 취소되는 것이 아니라 더 많은 예산을 투입해 반드시 실현해야 하는 과제로 인식되었다.

또한 MD는 '공급이 수요를 창출한다'는 세이의 법칙에 딱 맞는 것이었다. 미국이 MD를 구축할수록 그 대상이 되는 국가들은 더 많은 미사일을 만들기 마련이고, 이는 곧 더 많은 MD로 이어지기 때문이다. 아울러 MD가 발전할수록 우주의 군사화를 불러올 가능성이 있다. 우주는 군수산업체에게 '블루오션'이라고 할 수 있다. 우주 무기를 개발·생산·배치하는 데는 엄청난 돈이 들어가기 때문이다.

바로 이러한 이유 때문에 미국의 메이저 군수산업체들은 MD에 사활을 걸고 뛰어들었다. 보잉은 MD의 각종 구성 요소의 개발과 통합을 담당했고, 록히드 마틴은 요격미사일의 탄두 추진체를 수주했으며, 레이시온은 요격미사일 개발을, TRW는 전투관리지휘통제통신(BM/C3) 시스템 개발을 맡았다. 'MD 빅4'로 일컬어지는 이들 회사는 막강하고 치밀한 로비망을 짜서 정치권에 정치자금을 대는 한편, 보수적 싱크탱크를 통한 여론화 및 정책결정 과정에 개입했다.

1990년대 군수산업체의 후원을 받은 싱크탱크들로는 헤리티지 재단, 미국기업연구소, 후버연구소, 하이 프론티어(High Frontier), 임파워 아메리카(Empower America), 안보정책센터(CSP) 등이 대표적이다. 이 가운데 레이건 행정부 때 국방부 관리를 지낸 프랭크 가프니가 소장을 맡고, 훗날 국방장관으로 기용된 도널드 럼스펠드가 고문을 맡은 안보정책센터가 주목을 끌었다. 이 센터는 매년 수십만 달러를 군수산업체로부터 받았고, 보수적인 정치인, 전직 관리, 민간 전문가들과의 광범위한 네트워크를 구축해나갔다. 북한의 위협과 중국의 부상, ABM 조약 파기의 불가피성 등을 강조하면서 MD의 필요성을 유포시켰다.

럼스펠드의 등장과
악연의 본격화

조속히 MD를 구축하기 위해서는 대전제가 필요했다. 조만간 미국의 적대국이 미국 본토를 공격할 수 있는 장거리 미사일을 개발할 것이라는 가정이 바로 그것이다. 이에 따라 공화당이 장악한 미국 의회는 1995년 클린턴 행정부에게 〈미국이 직면한 탄도미사일 위협에 대한 국가정보평가 보고서〉를 제출토록 요구했다. 이러한 요구에 따라 중앙정보국(CIA), 국방정보국(DIA), 백악관과 국무부의 정보부서 등이 참여해 보고서를 작성했다. 결론은 "미국 본토에 대한 즉각적인 탄도미사일 위협이 있다고 보기 어렵다"는 것이었다.

이러한 결론에 발끈한 공화당은 초당적이고 독립적인 위원회를 구성하자고 제안했다. 그 결과 1996년에 만들어진 것이 바로 '럼스펠드 위원회'라고도 불린 '미국에 대한 탄도미사일 위협 평가 위원회(Commission to Assess the Ballistic Missile Threat to the United States)'였다. 그런데 이 위원회의 구성 자체가 대단히 정파적이었다. 우선 위원장으로 기용된 럼스펠드는 'MD 보일러'라는 별명을 얻으며, 안보정책센터와 하이 프론티어의 고문을 맡고 있었다. 또한 의회 내 열렬한 MD 주창자인 뉴트 깅그리치와 트렌트 로트 의원이 소속된 공화당에서 9명의 위원 중 6명을 지명했다. 이에 따라 친공화당 인사들이 위원회의 다수를 점했다. 아울러 안보정책센터의 가프니 소장은 럼스펠드와의 친분을 내세워 자신의 측근들로 하여금 럼스펠드 위원회의 보고서 작성을 돕게 했다.

그 결과 1998년 7월에 나온 것이 바로 〈럼스펠드 보고서〉이다. 이 보고서의 핵심 요지는 "북한을 비롯한 깡패국가들(rogue states)이 5년 이내에 미국 본토까지 다다를 수 있는 ICBM 개발에 성공할 것"이라는 추정이었다. 이는 CIA 등 정보 당국이 예상한 시점을 무려 10년 이상 앞당긴 것이었다. 또한 북한이 처한 경제적·기술적 난관을 무시하고 "중국이 북한에 선진적인 미사일 기술이나 완제품을 제공한다면"과 같은 가정법을 대거 동원했다. 당연히 이 보고서의 신뢰성에 강한 의문이 제기되었다.

그러나 1994년 중간선거에서 '공화당 혁명'을 주도한 깅그리치 의원은 〈럼스펠드 보고서〉가 "냉전 이후 미국 안보에 대한 최대의 경고"라며 MD를 조속히 구축해야 한다고 목청을 높였다. 안보정책센터는 럼스펠드에게 '키퍼 오브 클레임(Keeper of Klame)'이라는 상을 수여해 그의 업적(?)을 기렸다. 또한 '바로 지금 미국을 지키자'라는 캠페인을 개시해 조속한 MD 구축의 필요성을 역설하고 다녔다. 이로 인해 MD 문제는 또다시 미국 국내외 정치의 '태풍의 눈'으로 부상하기 시작했다.

그런데 1998년 8월 들어 두 가지 사건으로 MD 논쟁은 새로운 국면을 맞게 된다. 하나는 〈뉴욕타임스〉가 미국 정보기관 관계자들을 인용해 "북한이 금창리에 비밀 핵시설을 만들고 있다"는 의혹을 보도한 것이었다. 다른 하나는 기다리면 망할 것이라던 북한이 건재함을 과시하듯 3단계 로켓(광명성 1호)을 쏘아 올린 것이었다. 북한이 비밀 핵시설을 보유하고 있다는 의혹은 공화당이 그토록 저주한 제네바합의를 무너뜨릴 수 있는 절호의 기회였다. 또한 북한이 장거리 로켓을 쏘아 올린 것 역시 MD에 새로운 활력을 불어넣는 호재였다. 미국 내 MD파들로서는 그야말로 '광명'을 만난 셈이었다.

럼스펠드는 "내 말이 맞잖아." 하면서 무릎을 쳤고, 공화당 주도의 미 의회는 "가능한 빨리 NMD를 구축하라"는 법을 또다시 통과시켰다. 공화당의 압박에 직면한 클린턴 행정부는 이른바 '3+3 계획', 즉 3년간의 실험평가를 통해 이후 3년간 초기 NMD를 실전배치한다는 계획을 거듭 확인했다. 어느새 NMD는 거스를 수 없는 대세가 된 듯했다.

그러나 반전이 찾아오는 데는 오랜 시간이 걸리지 않았다. 클린턴 행정부는 북한과의 협상 끝에 1999년 두 차례에 걸쳐, 핵시설이 있다는 금창리 동굴을 방문했다. 결과는 '텅 빈 동굴'이었다. 이로써 미국 내에서 고개를 들던 제네바합의 무용론은 수그러들었다. 북미 간 미사일 협상도 본격화되면서 북한은 "북미대화가 진행되는 동안 로켓 발사를 하지 않겠다"고 약속했다. 2000년에 들어서는 남북정상회담과, 북미 간 특사 교환이 이뤄졌다. 클린턴도 NMD 문제를 차기 정권으로 넘기겠다고 발표했다.

이러한 화해 분위기 속에서 북한 미사일 문제를 해결할 절호의 기회가 찾아왔다. 2000년 10월 하순 평양을 방문해 김정일과 회담을 가졌던 올브라이트 국무장관은 "김정일이 미사일 수출 문제와 관련해 미국의 요구사항 대부분을 수용할 정도로 매우 협력적인 태도를 보였다"고 밝혔다. 미사일 수출 문제와 관련해 북한은 현금 보상을, 미국은 현물 보상을 선호했는데, 김정일이 미국 제안을 수용했다는 의미였다. 또한 김정일은 "남한이 사거리 500km 이상의 탄도미사일을 개발하지 않는다는 보장이 있다면" 추가적인 미사일 생산도 중단할 수 있다고 말했다. 그리고 김정일은 올브라이트를 5·1 경기장에 데리고 갔다. 카드 섹션으로 로켓 발사 장면을 연출하고는 이렇게 말했다. "이것이 마지막 발사입니다."[25]

올브라이트는 물론이고 그를 수행했던 미국의 고위 외교관들도 김정일에 대해 긍정적으로 평가했다. 북미 미사일 협상의 미국 측 수석 대표를 맡고 있던 로버트 아인혼은 12시간에 걸친 김정일-올브라이트 회담에 배석하고는 이렇게 평했다. "나에겐 김정일이 미사일 문제에 대해 매우 잘 알고 있고, 매우 진지하고도 합리적인 인물로 비춰졌다." 이 자리에 함께 있었던 웬디 셔먼 대북정책조정관 역시 "당시 미해결 상태의 문제는 14가지가 있었는데, 김정일이 올브라이트의 질문에 모두 답변할 정도로" 사안을 꿰뚫고 있었다고 말했다.[26]

이처럼 당시 최대 쟁점이었던 북한 미사일 문제 해결은 초읽기에 들어가는 듯했다. 클린턴 대통령이 방북해 김정일과 만나 합의문에 서명만 하는 상황까지 진전되었다. 이에 따라 북한을 먹잇감으로 삼아 살을 찌우려고 했던 MD도 힘이 크게 빠졌다. 그러나 안타깝게도 클린턴의 방북은 성사되지 못했다. 그해 미국 대선에서 개표 논란 끝에 당선된 부시 진영은 클린턴의 방북을 반대했다. 또한 임기 막바지에 클린턴은 방북 대신에 중동 평화협상에 집중키로 했다. 이렇듯 미국이 '골든 타임'을 놓치면서 굶주린 MD는 더더욱 난폭해지고 있었다. 그리고 클린턴 행정부에서 부시 행정부로 사육사가 바뀌면서 MD라는 괴물은 포식성을 유감없이 발휘하기 시작했다. 한반도 평화를 첫 먹잇감으로 삼고선 말이다. 올브라이트의 회고이다.

> 의회와 전문가 그룹의 많은 사람들은 북한과의 거래가 NMD 구축의 명분을 약화시킬 것을 우려했기 때문에 북미정상회담에 반대했다.

그렇다면 북미관계 개선이 급물살을 타고 있었던 1999~2000년에 럼스펠드는 무엇을 하고 있었을까? 만약 북미 간 미사일 협상이 타결되면, MD는 또다시 수포로 돌아갈 수도 있었던 상황이었다. 럼스펠드 위원회의 권고와는 상반된 결과로 말이다. 그래서 나는 당시 북미관계에 대한 럼스펠드의 입장을 찾아봤다. 북미관계 개선에 대한 비난은 찾아볼 수 없었고, 대신 흥미로운 사실을 알게 됐다.

럼스펠드는 이 당시에 취리히에 본사를 둔 ABB라는 회사의 비상임이사를 맡고 있었다. 비상임임에도 연봉이 2억 원에 육박했다. 그런데 이 회사는 1994년 제네바합의에 따라 북한에 제공키로 한 경수로 사업에 1999년부터 뛰어든 업체였다. 경수로 설계 및 부품 공급 가운데 일부를 맡기로 했고, 그 대가로 20억 원에 달하는 계약도 수주했다. 이 회사의 회장은 1999년 9월 평양을 방문해 북한과의 원자력 협력을 약속했고, 2000년 하반기에는 평양 사무소를 열 정도였다. 이러한 내용은 럼스펠드에게도 공유되었고, 그는 특별히 반대 의견을 표하지 않았다. 럼스펠드를 포함해 공화당 쪽에서 그토록 저주했던 경수로 사업에 정작 럼스펠드도 관련되어 있었던 것이다.[27]

이는 럼스펠드가 1998년과는 달리 1999년과 2000년에 왜 북미관계 개선에 대해 침묵하고 있었는지를 알려준다. 북미관계의 핵심이었던 경수로 사업으로부터 개인적인 이익을 얻고 있었기에 대놓고 북미관계를 비난할 수 없었던 것이다. 그랬던 럼스펠드는 2001년 부시 행정부가 출범하면서 ABB 비상임이사를 그만두고 국방장관을 맡았다. 그리고 제네바합의를 포함한 북미관계와 한반도 평화의 저격수로 나서게 된다. 동시에 'MD 보일러'로서의 역할로 다시 돌아온다.

005

북한이
'악의 축'에 들어간
이유

2001년 9월 11일 발생한 9·11 테러는 21세기 세계 현대사의 중대 분수령으로 일컬어진다. 미국 본토는 안전하다는 '철옹성의 신화'가 무너지면서 미국의 전략은 '테러와의 전쟁'이라는 이름을 달고 확연히 바뀌게 되었고, 이는 세계정세 전반에도 중대한 영향을 미치게 되었기 때문이다. 그런데 테러 발생 전까지 조지 W. 부시 행정부는 MD* 로비에 총력을 기울이고 있었다.

9·11 테러와
MD 테러

─

9·11 테러 전에 부시 행정부는 MD를 정당화하기 위해 북한의 위협을 한껏 부풀리고 있었다. 이는 관련자들의 몇 가지 발언만 보더라

─────────

●   부시 행정부는 클린턴 행정부 때 전역미사일방어체제(TMD)와 국가미사일방어체제(NMD)라는 구분을 없애고 MD로 통합해서 부르기 시작했다.

도 잘 알 수 있다. 럼스펠드는 2001년 6월 말, 미 하원에 출석해 "북한이 대륙간탄도미사일(ICBM) 개발에 매우 근접해 있으며, 소수의 핵무기를 개발할 수 있는 핵물질을 보유하고 있다"고 말했다. 이후 발언의 수위는 더욱 높아졌다. "일본이 진주만을 공격할 것이라고 누가 상상이나 했겠는가? 북한이 (탄도미사일 보유를 통해) 행동의 자유를 갖게 되면, 그런 행동에 나설 가능성을 나는 부인하고 싶지 않다." 미국인들에게 강한 정신적 트라우마로 남아 있는 진주만 피격을 북한 위협론과 연계시켜 MD 구축을 정당화하려는 것이었다.[28]

7월 중순 라이스 국무장관은 "탄도미사일 기술이 대규모로 확산되고 있는데, 이는 북한이 세계 각지에 미사일 기술을 팔고 다니기 때문"이라고 말했다. 그러나 북한의 미사일 수출은 2000년 들어 급감하고 있었다는 점에서 이 역시 과장된 것이었다. 같은 날 폴 월포위츠 국방장관은 "만약 금년에 한반도에서 전쟁이 터질 경우, 우리가 직면할 가장 가공할 위협들 가운데 하나는 북한의 탄도미사일 위협이 될 것"이라며 조속히 주한미군 보호를 위해 MD를 배치할 계획이라고 말했다. 실제로 2003년부터 미국은 주한미군기지에 패트리엇 최신형인 PAC-3 배치에 돌입했다.

MD를 최우선순위로 삼은 부시 행정부는 2001년 5월 1일 MD 추진 계획을 공식 발표했다. 그리고 두 달 뒤에는 〈모든 미국 대사관에 보내는 미 행정부의 대책 문서〉를 작성해 전 세계 미국 대사관에 발송했다. MD에 대한 반대 여론이 세계적으로 큰 만큼, 이 문서를 이용

해 로비를 전개하라는 의미였다.[29]

그 로비 대상에는 한국 NGO도 예외가 아니었다. 9·11 테러 발생 12시간 전, 한국 시간으로 9월 11일 오전 9시에 주한 미국 대사관은 부시 행정부의 MD 설명단과 한국 시민단체 대표들과의 만남을 주선했다. 미국 국무부와 국방부 고위관료들은 아시아 각국을 돌면서 정부, 국회의원, 언론, 민간 전문가와 NGO 등을 상대로 전방위적인 로비를 벌이고 있었다. 당시 한국 시민사회단체들은 'MD 반대와 평화실현 공동행동'이라는 연대체를 구성해 반대 운동을 주도하고 있었고, 한국은 국제적으로도 MD 반대 여론이 높은 국가 가운데 하나였다.

이 자리에서 미국 정부의 한 관리는 "미국의 돈과 기술을 가지고 미국 국민을 보호하는 것은 미국의 권리"라며 MD를 반대하는 한국 NGO들에게 노골적인 불쾌감을 나타냈다. 당시 이 자리에 있던 나도 물러서지 않았다. "그런 식으로 따지면 핵무기를 비롯한 세계에서 가장 많은 공격용 무기를 갖고 있는 미국에 대응해 북한이 미사일을 만들려고 하는 것도 북한의 권리가 됩니다. 그런데 당신들뿐만 아니라 우리도 북한의 이러한 주권 행사를 우려합니다. 한반도와 동아시아의 평화를 위태롭게 하기 때문입니다. 마찬가지로 우리는 미국 주도의 MD가 한반도와 세계평화를 위협하고 있다고 보기 때문에 반대하는 것입니다."

논쟁은 점차 가열됐다. 함께 자리한 한 단체의 대표가 "미국이 MD를 정당화하기 위해 북한 위협을 부풀리고 있다"고 비판하자, 미국방부의 고위관리는 이렇게 반박했다.

"당신들은 북한이 미국에 위협이 되지 않는다고 생각하지만, 우리 미국은 북한에게 심각한 위협을 느끼고 있습니다. 북한은 수천 톤의 생화학무기를 이미 갖고 있고 핵무기 제조 기술도 보유하고 있어요. 그리고 이러한 대량살상무기를 미국 본토까지 운반할 수 있는 탄도미사일을 보유하려고 합니다. 이게 위협이 되지 않는다는 게 말이 됩니까?"

논쟁은 북한 미사일 문제를 외교적 협상으로 풀 수는 없는 것인지, 북한의 미사일이 과연 미국 본토까지 다다를 수 있는지, 생화학무기를 미사일에 장착한다는 것이 그렇게 쉬운 일인지, 북한이 종말을 각오하고 미국 본토를 공격한다는 것이 합리적 가정인지 등을 놓고 계속되었다. 나는 대화 막바지에 이렇게 물었다. "그럼 북한의 핵과 미사일 문제가 풀리면, 미국은 MD 계획을 철회할 것인가요?" 나는 이보다 한 달 앞서 힐튼 호텔에서 있었던 존 볼튼 국무부 차관의 강연 자리에서도 동일한 질문을 던진 적이 있었다. 그러나 '네오콘의 대변인'이라던 볼튼으로부터도, 대사관 주선으로 만난 펜타곤 관리로부터도 이에 대한 명쾌한 답변을 들을 수 없었다.

2시간가량의 간담회를 마치고 미국 대사관을 나서는 나의 발걸음은 무겁기 그지없었다. 부시 행정부의 MD에 대한 광적인 집착과 북한에 대한 극단적인 불신을 뼛속 깊이 느낄 수 있었기 때문이다.

지인들과 술을 한 잔 걸치고 귀가하던 그날 밤 10시경, 한 언론사

기자로부터 전화를 받았다. 그 기자는 떨리는 목소리로 "미국이 최악의 테러를 당했다"며 다짜고짜 "우리는 어떻게 되는 거냐"고 물었다. 핸드폰 너머 들려오는 얘기는 뉴욕의 세계무역센터가 무너지고, 워싱턴 인근의 펜타곤(미국 국방부 청사)도 공격을 받았다는 것이었다. 귀를 의심하지 않을 수 없는 내용이었다.

발걸음을 재촉해 집으로 들어가자마자 텔레비전을 틀었다. 눈을 의심하지 않을 수 없었다. 마치 최첨단 파괴공법을 사용한 것처럼 쌍둥이 빌딩이 무너져 내리는 장면은 할리우드 영화 속에서도 인간이 아닌 외계인의 공격으로나 가능한 것으로 그려졌기 때문이다. 정신을 가다듬고 〈오마이뉴스〉에 글을 보냈는데, 거기엔 이런 불길한 예감도 포함되어 있었다.[30]

> 9·11 테러를 계기로 부시 행정부가 국제사회의 반발에도 불구하고 막대한 비용과 기술력을 투입해 추진하고 있는 MD가 추진력을 얻을 가능성이 높다. MD는 기본적으로 '본토 방어' 및 '예측할 수 없는 위협에의 대응' 개념에서 출발했기 때문이다. MD 구축을 최우선적인 정책으로 내세우고 있는 부시 행정부는 MD의 필요성을 더욱 강조하고 나올 것이다. 그러나 동시에 'MD 무용론'도 제기될 것이다. 9·11 테러가 보여주듯 미국이 직면한 위협은 탄도미사일보다는 비행기, 선박, 트럭, 가방 등을 이용한 원시적인 테러에 있기 때문이다. 엄청난 예산이 들어가는 MD보다는

테러 예방책에 예산을 우선적으로 투입하자는 의견이 미국 내 일부에서 제기될 것이다. 그러나 이러한 목소리는 소수에 그칠 것이다.

문제는 부시 행정부 출범 이후 미국과 팽팽히 맞서 있는 북한이 미국에 의해 '테러지원국가'와 '대량살상무기 주범'으로 찍혀 있다는 점이다. (중략) 부시 행정부는 테러 및 대량살상무기 확산 방지를 명분으로 북한을 더욱 궁지로 몰아넣을 가능성이 높다. 더구나 대량살상무기 확산을 군사력 행사를 통해 막겠다는 대 (對)확산(counter-proliferation)을 신전략으로 제시하고 있는 부시 행정부는 북한을 포함한 일부 반미 성향 국가들을 선제공격을 통해 제압하겠다고 나올지도 모른다.

요지는 부시 행정부가 MD 명분을 잃지 않기 위해 대북 적대정책을 강화할 것이고, 선제공격 대상에도 포함시킬 우려가 있다는 것이었다. 이러한 우려는 북한도 갖고 있었던 것으로 보인다. 북한의 조선중앙통신은 테러 발생 다음 날, "매우 유감스럽고 비극적인 사건은 테러리즘의 위험성을 다시 한 번 상기시켜주고 있다"며 "유엔 회원국으로서 모든 형태의 테러, 그리고 테러에 대한 어떤 지원도 반대하며 이같은 입장은 변하지 않을 것"이라고 밝혔다. 대단히 신속하고도 이례적인 반응이었다.

그러나 미국의 반응은 싸늘했다. 오히려 북한을 이라크와 함께 최대 위협 국가로 지목하면서 대북 강경 태세를 더욱 구체화했다. 11월 중순 럼스펠드 국방장관은 북한이 알 카에다에 생화학무기를 제공했다는 증거에 대해 확실히 얘기할 수 없으나, "북한이 과거에 테러행위를 했고 테러지원국 리스트에 올라 있으며 그런 기술을 확산시키는 데 적극 기여했다"고 말했다. 한 달 뒤 스위스 제네바에서 열린 생물무기금지협약(BWC) 제5차 평가회의에 미국 대표로 나선 존 볼튼 국무부 차관은 "이라크가 가장 큰 우려이고, 북한은 극도로 불안한 국가"라고 주장했다.

시간이 지나면서 미국 정부의 발언 수위는 더욱 높아졌다. 부시 대통령은 11월 26일 백악관 기자회견에서 "이라크와 북한이 대량살상무기를 개발하지 않고 있다는 것을 세계에 보여주기 위해 사찰을 받지 않을 경우 그 책임을 져야 할 것"이라고 경고했다. (미국이 침공한) "아프가니스탄은 시작에 불과하다"며 "테러리스트들에게 은신처를 제공하고 있는 자도 테러리스트이고, 돈을 대주는 자도 테러리스트다"라고 주장했다. 이를 두고 미국 언론들은 '테러와의 전쟁'이 아프가니스탄에 이어 다른 테러지원국가, 특히 북한과 이라크로까지 확전될 가능성을 암시한 것이라는 분석을 쏟아냈다.

부시의 기자회견 직후 백악관 대변인은 기자들에게 부시 대통령이 대선 유세 때부터 북한의 대량살상무기 문제를 집중적으로 거론해왔다는 점을 상기시켰다. 그러면서 "이것이 바로 대통령이 MD를 추진하려고 하는 이유 가운데 하나"라고 강조했다. '9·11 테러 발생 →

북한은 테러지원국 → 북한 위협 대비 MD 필요'라는 자의적인 삼단
논법이 자리 잡기 시작한 것이다. 그런데 부시는 여기서 멈추지 않았
다. 뭔가 화끈한 작명이 필요하다고 여긴 것이다.

'악의 축' 지정과
낯선 미래

급기야 부시는 2002년 1월 29일 자신의 첫 국정연설에서 "미국은 세
계에서 가장 위험한 국가들이 세계에서 가장 파괴적인 무기들로 미국
을 위협하도록 허용하지 않을 것"이라며, 북한·이라크·이란을 별도로
지목해 '악의 축(axis of evil)'이라고 규정했다. 북한에 대해서는 "미사
일과 대량살상무기를 보유하고 있으며 국민을 굶주리게 하는 나라"라
고 그 이유를 밝혔다. 그런데 이들 세 나라의 공통점은 9·11 테러 주
범으로 지목된 알 카에다와 아무런 연관이 없다는 것이었다.

　부시의 대외정책을 주도한 네오콘은 이라크에서 후세인 정권을 제
거하고 친미정권을 세울 기회를 호시탐탐 노리고 있었다. 이러한 점에
서 이라크가 부시 독트린의 1차 타깃이 되고 '악의 축'으로 지정될 것
이라는 점은 어렵지 않게 예상할 수 있었다. 반면 이란과 북한 역시
미국과 적대관계에 있었지만, 이란은 민주적 요소를 갖고 있었고 북
한은 제네바합의를 비교적 성실히 이행하고 있었다. 그런데 왜 이들

나라까지 '악의 축'으로 지목된 것일까? 〈뉴욕타임스〉의 백악관 담당 선임기자인 피터 베이커에 따르면, 부시의 연설문 초안에는 이라크 한 나라만 명시되어 있었다고 한다. 그러나 "콘돌리자 라이스와 스티븐 해들리(국가안보 부보좌관)가 부시 대통령이 이라크와의 전쟁을 준비하고 있는 것처럼 비춰질 것을 우려"해, 북한과 이란을 추가했다는 것이다.[31]

북한에 초점을 맞춰본다면, 부시 행정부가 MD 구축의 명분을 갖기 위해 북한을 '악의 축'에 포함시켰을 공산이 대단히 크다. '미국과의 계약'과 제네바합의의 조우에서 시작된 북한 위협론과 MD와의 악연은 시간이 지날수록 네오콘의 의식 속에 더욱 강해졌다. 지리군사적으로 보더라도 부시 행정부가 MD의 우선순위를 미국 서부에 두고 있었다는 점에서 동아시아의 누군가를 주적으로 규정할 필요가 있었다. 더구나 국제정치를 선과 악의 이분법으로 보는 데 익숙했던 부시는 "주민들을 굶주리게 하면서 대량살상무기를 만드는" 김정일 정권에 대한 도덕적 거부감이 대단히 강했다.

그런데 공교롭게도 부시가 북한을 악의 축으로 규정했던 시점에 북한은 핵과 미사일 관련 합의를 비교적 잘 지키고 있었다. 핵무기 개발을 중단키로 한 제네바합의를 이행해 부시 행정부로부터 중유도 받고 있었다. 나중에 논란이 된 비밀 우라늄 농축 프로그램의 보유 여부는 여전히 논란거리이지만, 확실한 것은 부시가 북한을 악의 축으로 지목한 시기 전후에 이에 대한 언급은 일절 없었다는 점이다. 미국 정보기관 역시 북한의 비밀 핵 프로그램 포착 시기를 악의 축 발언 7개월 후인 2002년 8월이라고 밝힌 바 있다. 탄도미사일 관련해서도 북미 대화가 진행되는 동안 발사를 유예하겠다고 약속한 1999년 베를린 합의 및 2000년 북미 공동코뮤니케를 준수하고 있었다. 그럼에도 불구하고 북한은 악의 축으로 지목되고 말았다.

부시의 악의 축 발언이 나온 지 10여 년이 흘렀다. 이 사이에 부시 행정부의 말은 씨가 되고 있다. "대량살상무기를 장착한 북한의 장거리 탄도미사일이 미국까지 다다를 것"이라는 부시 행정부의 과장된 주장이 빠른 속도로 현실화되고 있는 것이다. MD를 하게 되었다고 좋아할지 모르지만, 그 대가는 미국에게도 아주 낯선 미래가 될 것이다. '미수교국이자 기술적으로 전쟁 상태에 있는 북한의 전략 무기를 어떻게 상대할 것인가'가 바로 그것이다. 이건 미국 역사상 처음 맞게 되는 상황이다.

결국 부시 행정부의 MD에 대한 광적인 집착이 북한의 핵무기와 탄도미사일에 대한 집착을 다시 호출하고 말았다. 반대로 김정일 부자의 이들 무기에 대한 집착은 MD라는 괴물에게 좋은 먹잇감이 되고 있다. 한마디로 MD와 북핵의 적대적 동반성장이다. 이 악연의 고리를 어떻게 끊느냐가 한반도와 동북아시아 평화의 관건이 될 것이다.

2

21세기의
철의 장막

006

9·11 테러가 발생한 날, 그들은 어디에?

조지 W. 부시 행정부는 "이마에 MD를 새긴 정권"이라는 비아냥거림을 받았을 정도로 MD에 광적으로 집착했다. 이를 여실히 보여주는 게 뉴욕의 세계무역센터와 워싱턴의 펜타곤이 테러 공격을 받은 2001년 9월 11일의 행적이다. 나중에 밝혀진 바에 의하면, 9·11 테러가 발생하기 전부터 테러 공격이 있을 것이라는 정보 보고가 잇따라 올라갔지만, 수뇌부는 이를 무시했다. MD에 정신이 팔린 탓이 컸다. 그렇다면 부시 행정부의 고위관료들은 9·11 테러가 발생한 날 아침 무엇을 하고 있었을까?

세계무역센터가 테러 공격을 받고 있던 순간, 부시 대통령은 플로리다 주의 한 초등학교를 방문 중이었다. 그리고 그는 워싱턴으로 바로 복귀하지 않고 안전한 곳으로 피신했다. 나중에 9·11 진상조사위원회의 조사 결과, 부시의 행적과 동선에서는 애초 알려진 것과는 다른 움직임이 많이 발견됐다. "초등학교 대기실에서 텔레비전을 통해 비행기가 세계무역센터에 충돌했다는 보도를 봤다"는 주장과 달리 당시 대기실 텔레비전에는 전원조차 연결돼 있지 않았다는 것이다.

럼스펠드와 라이스의
거짓말
—

도널드 럼스펠드 국방장관은 그날 오전 8시부터 펜타곤 회의실에서 공화당 하원의원들과 조찬 회동을 하고 있었다. 그로부터 석 달 가까이 지난 12월 5일에는 CNN 방송의 래리 킹(Larry King)과 같은 방에서 대담을 나눴다. 럼스펠드는 "그날 아침 바로 이 방에서 의원들과 테러리즘에 대해 말씀을 나눈 건가요?"라는 래리 킹의 질문을 받고 이렇게 답했다.

"나는 (9월 11일) 오전 8시에 아침식사를 하면서 1년 이내에 엄청나게 충격적인 일이 벌어질 것이라고 의원들에게 말했어요. (중략) 그런데 제 보좌관이 들어와서 급히 쪽지를 건넸어요. 여객기 한 대가 세계무역센터와 충돌했다는 내용이었죠. 우리는 조찬을 중단했고, 저는 CIA의 브리핑을 받기 위해 일어섰죠."[32]

그러자 래리 킹은 "당신은 그날 아침 아주 뛰어난 예지력을 발휘했군요"라고 치켜세웠고, 럼스펠드는 "그랬죠(Yeah)"라고 너스레를 떨었다. 이 대화를 보면 마치 럼스펠드가 조만간 대형 테러가 발생할 것으로 예상하고는 이 문제를 논하기 위해 공화당 의원들을 초청한 것처럼 보인다. 그러나 이는 새빨간 거짓말이다.

2010년에 비밀 해제된 당시 펜타곤 메모에 따르면, 9월 11일 조찬 회동의 목적은 MD에 있었다. 럼스펠드가 MD에 대한 공화당 의원들의 지지를 재확인하고 관련 예산을 확실히 확보하고자 의원들을 부른 것이었다. 이 자리에서 럼스펠드는 MD가 필요한 이유를 설명하면서 그 첫 번째로 "북한이 대륙간탄도미사일(ICBM)을 개발할 수 있는 능력을 입증했다"고 말했다.

그는 특히 회계연도 2002년의 MD 연구개발비는 달랑 83억 달러라며 "이는 전체 국방비의 2.5%에 불과"하고 "2001년에 사용된 대테러 관련 예산 110억 달러보다도 훨씬 적다"며 불평을 늘어놓았다.[33] 미국이 직면한 최대 위협은 미사일인데 MD에 테러 방지 예산보다 적은 돈을 쓰는 게 말이 되느냐는 의미였다.

그랬던 럼스펠드는 9·11 테러 발생 직후 부시 행정부가 제대로 테러 위협에 대처하지 못했다는 비판이 쏟아지자 대테러 예산으로 110억 달러를 사용할 정도로 우선순위에 뒀었다고 해명하기도 했다. MD 예산이 테러 대비 예산보다 적다고 불평해놓고선 말이다. 전형적인 말바꾸기다. 더구나 이 예산은 클린턴 행정부 때 마련된 것이었다.

럼스펠드가 공화당 의원들을 만나고 있을 때, 콘돌리자 라이스 국가안보보좌관은 백악관에서 자동차로 5분 거리에 있는 존스홉킨스대 국제관계대학원(SAIS)에서 연설을 하기 위해 백악관을 나설 준비를 하고 있었다. 주제는 '어제의 세계가 아닌, 오늘과 내일의 세계의 위협과 문제(The threats and problems of today and the day after, not the world of yesterday)'였다. 이날 예정된 라이스의 연설은 부시 행정부 국가안보전략의 요체를 담은 것으로 부시 대통령과 딕 체니 부통령, 도널드 럼스펠드 국방장관 등 핵심 수뇌부와 긴밀한 협의를 통해 준비된 것이었다. 그러나 차에 오르기 직전에 대형 테러가 발생하면서 라이스는 백악관 지하 벙커로 피신해야 했다.

그렇다면 라이스는 이날 연설에서 무엇을 말하려고 했을까? 그는 9·11 테러가 발생하자, 이전부터 부시 행정부가 테러리즘에 대한 대책 마련에 몰두하고 있었고 자신의 연설 내용의 일부도 이러한 내용을 담고 있었다고 주장했다. 그러나 이 역시 거짓말이다. 2004년 4월 1일 〈워싱턴포스트〉는 2001년 9월 11일에 발표할 예정이었던 라이스의 연설문을 입수해 이를 1면 머리기사로 실었다.[34] 이 신문의 보도에 따르면, 라이스는 테러 위협에 대한 언급은 거의 하지 않는 반면, 탄도미사일 위협을 미국이 직면한 최대 위협이라 규정하고 MD 구축이 미국 안보의 최우선 과제라고 발표할 예정이었다.

연설문에 테러리즘에 대한 언급이 전혀 없었던 것은 아니다. "우리가 가방 폭탄, 차량 폭탄, 지하철에 살포될 수 있는 사린가스 등을 우려할 필요는 있다." 그러나 라이스는 이러한 테러에는 다양한 대응책이 있다고 덧붙이면서 정작 미국이 직면한 최대 위협, 즉 미사일 위협에는 노출되어 있다고 말하려고 했다. 결론은 당연히 MD를 하루빨리 만들어야 한다는 것이었다. 테러 대비에 비해 MD는 부족하다는 취지로 테러 문제를 언급하려고 했던 것이다.

공교롭게도 〈워싱턴포스트〉의 이러한 보도는 9·11 테러에 대해 미국 정부가 얼마나 사전대비를 하고 있었느냐에 대한 의회 조사위원회

활동 기간에 나왔다. 그만큼 파문도 컸다. 그러자 백악관은 "MD와 대테러 대응은 양자택일의 문제가 아니"라며 진화에 나섰다. "부시 행정부가 출범한 이후 처음으로 취한 안보조치는 알 카에다를 제거할 새로운 전략을 수립하는 것이었다"고까지 주장했다. 그러나 이러한 해명도 사실관계와 부합하지 않는다.

먼저 부시 행정부 초기 백악관 대테러 담당 선임보좌관이었던 리처드 클라크(Richard Clarke)의 증언을 주목할 필요가 있다. 그는 부시의 취임 직후이자 정권 인수기인 2001년 1월에 이미 자신과 클린턴 행정부의 테러 담당 관리들이 백악관 상황실에 모여 알 카에다의 테러 가능성에 주목했다고 한다. 그러면서 이들 세력을 격퇴할 준비를 하는 것이 새로운 정권의 당면과제가 되어야 한다고 건의했다. 그러나 부시 행정부의 수뇌부는 이를 묵살했다는 것이 클라크의 증언이다.[35]

2004년 4월 조사위원회에 출석한 연방수사국(FBI) 번역가 출신인 시벨 에드먼즈(Sibel Edmonds)의 진술은 더욱 구체적이다. 9·11 테러 조사에 참여했던 에드먼즈는 "2001년 6월과 7월에 이미 충분한 테러 정보가 있었다"면서, 그러나 정작 부시 대통령은 이를 제대로 몰랐다고 주장했다. 그는 구체적인 증거로 2001년 5월에 테러범들 일부가 미국으로 입국해 있었고 여름부터는 비행 훈련까지 하고 있었다고 주장했다. 이 정도의 정보를 사전에 알고 있었다면 테러 경보를 격상하고 대비를 했어야 했는데 부시 행정부는 전혀 그렇게 하지 않았다는 것이다. 그는 특히 라이스가 테러 유형에 대한 구체적인 정보가 없었

MD본색: 은밀하게 위험하게

다고 주장한 것을 두고 "새빨간 거짓말"이라며 라이스의 주장을 문서로 충분히 반박할 수 있다고 증언했다.

MD에 정신이 팔린 나머지…

이처럼 9·11 테러 이전부터 대형 테러 가능성이 행정부 내에서 제기되었지만, 정작 부시 행정부의 수뇌부는 MD에 정신이 팔려 있었다. 부시 대통령은 2월 27일 취임 후 첫 의회 연설에서 미국이 직면한 위협은 "폭탄을 갖고 위협하는 테러리스트부터 대량살상무기를 개발하려는 폭군과 깡패국가에 이르기까지 다양하다"며, "우리는 효과적인 MD를 개발·배치해야 한다"고 말했다. 부시는 며칠 후 외교정책에 대한 첫 공개연설에서도 "냉전시대와 달리, 오늘날 가장 긴박한 위협은 소련으로부터 날아오는 수천 발의 미사일이 아니라 테러와 협박을 일삼는 깡패국가들로부터 오는 소규모의 미사일"이라며 조속한 MD 구축의 필요성을 주장했다. 한 달 뒤 북대서양조약기구(NATO) 정상회의를 마치고는 5가지 안보 우선순위를 제시했는데, 첫째가 MD였고 테러 대비는 아예 빠져 있었다.

부시의 멘토이자 대통령보다 더 강력한 부통령으로 불렸던 딕 체니는 9·11 테러 발생 40일 전에 공화당 의원들을 대거 동반해 기자회견을 가졌다. 이 자리에서 체니는 "우리가 MD와 공격용 전략무기의 변화에서 목도하고 있듯이, 부시 행정부는 세계와의 전략적 관계를 근본적으로 변화시키고 있다"고 말했다. 그가 말한 전략적 변화의 핵심이 바로 MD였다. 테러 발생 이틀 전에 NBC 방송에 출연한 라이스는 "탄도미사일이 곳곳에 편재해 있다"며, "우리 행정부는 이처럼 긴박한 위협을 다룰 수 있는 사업에 진지한 자세로 임하고 있다"고 밝혔다. 그가 말한 사업 역시 MD였다.

라이스는 9·11 테러 발생 7개월 후, 미뤄두었던 존스홉킨스대 대학원 연설에 나섰다. "9·11의 지진파가 국제정치의 지질구조판(tectonic plate)을 이동시키고 있다"고 말할 정도로 연설 주제는 단연 테러 문제였다. 당초 최우선순위로 다룰 예정이던 MD는 지나가는 말로 한 차례 정도 언급하는 수준에 머물렀다.

그렇다고 MD가 부시 행정부의 우선순위에서 밀려난 것은 아니었다. 먼저 9·11 테러 발생 3개월 후에 ABM 조약에서 탈퇴하겠다고 선언했다. 부시 행정부는 9·11 테러를 러시아의 반발을 무마할 수 있는 계기로 보고 MD에 채워진 족쇄를 풀어버린 것이다.

또한 MD 관련 예산도 클린턴 행정부 때의 약 2배로 늘렸다. 9·11 테러가 발생하기 일주일 전, 민주당이 장악하고 있던 상원 군사위원회는 부시 행정부의 MD를 향한 돌진을 견제하기 위해 MD 예산을 일부 삭감키로 했다. 또한 의회의 승인 없이 MD 실험을 금지한다는 조항도 포함시켰다. 그러자 럼스펠드 국방장관은 이러한 조치를 강력히 비난하면서 조지 W. 부시 대통령에게 거부권 행사를 요청할 것이라고 밝혔다.

그러나 테러 발생 일주일 후, 민주당은 이러한 조항을 삭제했다. 그 취지는 민주당 상원 원내총무인 토마스 대슐 의원의 발언에 잘 담겨 있었다. "우리는 이 시점에 MD 논쟁이 필요 없다고 생각한다. 국가재난 극복과 안보 강화를 위해 초당적으로 협력할 것이다." MD에 대한 미국 내 비판 여론은 9·11 테러 이후 증폭된 '국가안보 지상주의'가 판을 치면서 숨 쉴 공간조차 없었던 것이다.

그리고 이듬해 1월에는 9·11 테러와 아무런 관련이 없었던 이라크, 이란, 북한을 '악의 축'으로 규정했다. 이로써 부시는 9·11 테러를 이용해 MD에 필요한 세 마리 토끼를 한꺼번에 잡았다. 하나는 ABM 조약이라는 제도적 제약에서 벗어난 것이고, 또 하나는 MD 관련 예산을 대폭 늘린 것이며, 끝으로 '악의 축' 국가들의 위협을 크게 부풀려 MD 구실을 거머쥔 것이었다.

실제로 부시가 지목한 '악의 축' 국가들은 미국이 지구적 MD를 구축하면서 '꽃놀이패'로 활용됐다. 미국은 2003년 3월 이라크를 침공하면서 패트리엇 최신형인 PAC-3를 중동 지역에 배치했고 일부 중동 국가들은 이 무기를 도입하기 시작했다. 이라크 침공을 '중동 MD 세일즈'와 연결시킨 것이다. '이란 위협론'은 중동뿐만 아니라 유럽 MD 구축의 구실로도 이용됐다. 미국은 이란이 ICBM을 개발해 미국 본토를 공격하려고 할 경우, 동유럽에 MD를 배치하는 게 효과적이라고 주장했다. 그리고 북한 위협론이 동아시아 및 미국 본토 MD의 최대 명분이라는 것은 재론할 필요조차 없다.

2차 한반도 핵위기와
부시의 변신
———

말이 씨가 된 것일까? 미국이 MD의 최대 명분으로 내세웠던 북한 위협론이 2003년에 접어들면서 새로운 국면을 맞이했다. 북한은 미국이 제네바합의를 파기했다며 핵확산금지조약(NPT) 탈퇴를 선언했다. 아울러 영변 핵시설 재가동과 함께 탄도미사일 시험 발사를 유예하겠다던 약속에도 더 이상 구속받지 않겠다고 밝혔다. 가상의 위협이 현실화되기 시작한 것이다. 이에 따라 부시 행정부는 MD 가속 페달을 밟았다.

우선 2003년 8월에 패트리엇 최신형인 PAC-3를 수원비행장-오산공군기지-평택기지(캠프 험프리)-군산공군기지-광주비행장 등 남한 서부 벨트에 배치했다. 또한 미일 간의 MD 정책도 '공동연구개발'에서 '실전 배치' 단계로 넘어갔다. 일본이 PAC-3와 이지스함에 장착할 수 있는 스탠다드미사일-3(SM-3) 등 미국제 무기를 구매해 이중 방어 체계를 구축키로 한 것이다. 동시에 미국은 일본의 집단적 자위권 행사 불허가 미일동맹의 MD 협력 강화를 어렵게 하고 있다며, 집단적 자위권 행사에 대한 압박의 수위를 높였다. 호주도 MD에 동참하겠다고 선언했다. 동아시아 MD에 가속도가 붙은 것이다.

그러나 이 정도로 만족할 부시 행정부가 아니었다. PAC-3나 이지스함으로는 미국 본토를 방어할 수 없고, 이에 따라 미국 국민에게 미치는 정치적 효과도 그리 크지 않았기 때문이다. 이에 따라 부시 행정부는 2004년 초에 알래스카 포트 그릴리에 6기, 캘리포니아 반덴버그 공군기지에 4기의 요격미사일을 배치해 10월 1일부터 작전에 들어간다는 계획을 발표했다. 이들 시스템은 미국 본토로 향하는 ICBM 요격용이었다.

그런데 이들 시스템은 실험 평가도 완료되지 않은 것들이었다. 당연히 미국 내에서는 '대선용'이라는 비판이 쏟아졌다. 민주당은 막대한 예산 낭비, 미사일 위협의 적실성, MD의 기술적인 결함, 실전 배치 이전에 면밀한 실험 평가를 거치도록 되어 있는 의회법 등을 제시하면서 MD에 대한 공세의 수위를 높였다. 전직 합참의장과 해군 제독 등 49명의 미국 퇴역 장군들까지 가세해 부시 행정부의 MD 구상에 비판을 쏟아냈다. 〈뉴욕타임스〉는 사설을 통해 "펜타곤이 2004년 대선을 앞두고 2000년 부시 후보의 MD 공약을 이행하기 위해 바보같이 돌진하고 있다"고 비난했다.[36]

극적인 반전은 2006년 하반기에 연출되기 시작했다. 북한은 미국의 방코델타아시아(BDA) 은행을 통한 금융제재에 반발하면서 7월에는 탄도미사일 시험 발사를, 10월에는 최초의 핵실험을 강행했다. 북한과 MD의 악연을 생각하면, MD 강화는 당연한 수순처럼 보였다.

그러나 부시 행정부는 북한과의 직접대화를 선택했다. 집권 6년 만에 처음 있는 일이었다. 그 결과 2007년에는 9·19 공동성명의 1단계와 2단계 이행조치인 2·13 합의와 10·3 합의가 나왔다. 2008년 10월에 부시 대통령은 북한을 테러지원국에서 해제한다고 발표했다. 북한을 '악의 축'으로 지목했던 부시가 북한을 테러지원국에서 해제한 것이야말로 반전의 백미였다.

그렇다면 부시의 변신은 어떻게 설명할 수 있을까? 우선 네오콘의 몰락이 주효했다. 제국의 꿈을 안고 강행했던 이라크 침공이 제국의 무덤이 되면서, 이 전쟁을 주도한 네오콘은 백악관에서 쫓겨났다. 네오콘은 대북 강경책과 MD도 주도하고 있었기에, 이들의 몰락은 부시 행정부의 대외정책 변화로 이어졌다. 동시에 콘돌리자 라이스 국무장관과 크리스토퍼 힐 국무부 차관보 및 6자회담 수석대표가 대북정책을 주도했다. 부시 대통령도 '전쟁광'이라는 오명을 씻고 외교적 업적을 남기고 싶어 했다. 북한과 협상을 해보니 성과도 나왔다. 부시가 백악관에 들어가서 제일 먼저 취한 조치는 북한과의 협상 중단이었다. 그런데 부시가 백악관을 나오면서 가장 자랑스럽게 말한 외교적 성과는 북한과의 협상을 통해 한반도 비핵화의 진전을 이뤄냈다는 것이었다. 참으로 아이러니한 상황이 아닐 수 없었다. 북핵과 MD의 오랜 악연도 끝날 것처럼 보였다.

그러나 안타깝게도 이러한 흐름은 오래가지 못했다. 2008년 이명박 정부 출범과 함께 덜컹거리기 시작한 한반도 평화프로세스는

2009년 오바마 행정부가 들어서면서 멈춰버렸다. 그리고 끊길 것 같았던 북핵과 MD의 악연은 더욱 견고해지고 있다. 한반도뿐만이 아니다. 미국이 자신의 본토뿐만 아니라 유럽-중동-동아시아를 잇는 '글로벌 MD 벨트'를 구축하려고 하자, 유라시아 지정학도 요동치고 있다. MD를 나토 동진의 '트로이의 목마'로 간주한 러시아는 본격적인 반격에 나서고 있다. 우크라이나 사태도 이 와중에 터졌다. 중동은 더 큰 혼란과 유혈사태로 얼룩지고 있다. 동아시아에선 MD를 둘러싸고 한미일 대 북중러의 갈등이 표면화되고 있다. 이처럼 MD는 21세기 '유라시아의 철의 장막'이 되고 있다.

007 오바마의 두통거리가 된
편지 두 통

미국의 버락 오바마 대통령은 백악관에 들어간 지 두 달 후인 2009년 3월에 드미트리 메드베데프 러시아 대통령에게 비밀 서한을 보냈다. 요지는 "러시아가 이란의 핵무기와 탄도미사일 개발을 저지하는 걸 돕는다면, 미국은 동유럽 MD 계획을 철회할 수 있다"는 것이었다. 부시 행정부 말기에 유럽 MD를 둘러싸고 신냉전이라는 말이 나올 정도로 악화되었던 러시아와의 관계를 '재설정(reset)'하겠다는 의지도 밝혔다.

그로부터 4년여가 지난 2013년 하반기 들어 이란 핵문제 해결에 중대한 돌파구가 만들어졌다. P5+1(안보리 상임이사국인 미국, 중국, 러시아, 영국, 프랑스와 독일)과 이란 사이에 잠정적인 핵협정이 체결된 것이다. 그러자 러시아는 미국에게 약속대로 유럽 MD를 철회하라고 요구하고 나섰다. 그해 12월 5일 러시아의 세르게이 라브로프 외무장관은 나토 회원국 외무장관들과의 회담을 마치고 이렇게 말했다. "만약 이란의 핵 프로그램이 국제원자력기구(IAEA)의 완전하고도 강력한 통제하에 놓이게 된다면, 유럽 MD를 만들고자 했던 이유 자체가 사라지게 된다."

그러자 백악관은 곧바로 "유럽 MD와 관련된 우리의 계획과 나토 MD에 대한 미국의 기여 방안으로서의 EPAA(유럽형 MD)를 구축하겠다는 우리의 공약은 변하지 않았다"고 밝혔다. 이란 핵문제가 해결되어도 유럽 MD는 계속 추진하겠다는 뜻으로 들릴 수 있는 발언이었다. 그리고 오바마 행정부는 이를 행동으로 보여주었다. 2014년 2월, MD 기능을 탑재한 이지스함을 스페인의 로타 해군기지에 배치한 것이다.

러시아는 발끈했다. 조지 W. 부시 행정부는 물론이고 오바마 행정부도 줄곧 유럽 MD는 러시아가 아니라 이란의 핵미사일로부터 유럽을 방어하기 위한 목적이라고 설명해왔다. 그런데 이란 핵문제가 해결되어도 유럽형 MD를 계속할 수 있다는 메시지가 나오니 '그 MD는 도대체 뭘 막겠다는 것이냐'고 반문하고 나선 것이다. 특히 오바마가 비밀 서한에서 약속한 것을 더 이상 믿을 수 없다는 분위기가 팽배해졌다.

물론 2013년 11월에 체결된 이란 핵협정은 잠정적인 것이다. 이들 7자는 6개월간의 합의이행을 통해 신뢰구축을 도모하고 2014년 11월 내에 최종적인 합의를 시도한다는 방침이었다.● 이에 따라 오바마 행정부는 이란 핵문제는 아직 완전히 해결된 것이 아니기 때문에 현재로서는 유럽 MD 계획을 철회할 의사가 없다고 말한다.

● 이 기간 내에 최종 타결이 실패하면서, 7개국은 2015년 6월로 협상 시한을 연기한 상태이다.

오바마의 약속 불이행과
유럽 MD
———

그런데 오바마는 MD와 관련해 메드베데프에게만 편지를 보낸 게 아니었다. 오바마는 러시아와 합의한 '새로운 전략무기감축협정(New START)' 비준을 받아내기 위해 2010년 12월에 상원의원들에게 편지를 보냈다. 그 요지는 "핵감축 협정은 MD에 영향을 주지 않을 것이고 우리 행정부는 MD를 차질 없이 추진하겠다"는 것이었다. 공화당을 달래기 위한 조치인 셈이었다. 이 서한에 힘입어 오바마는 조약 비준에 필요한 상원의원 2/3의 지지를 받아낼 수 있었다.

그러나 이란 핵문제에 관한 잠정협정이 체결되자 공화당은 불안감을 느끼기 시작했다. 공화당의 제임스 인호프(James Inhofe) 상원의원은 2013년 12월 6일자 《포린폴리시》와의 인터뷰에서 "우리는 유럽에서 효과적인 MD를 구축하기 위해 계속 정진해야 한다"고 말했다. "6개월 후에 이란 핵협상이 완전히 타결되어도 이란은 미래에 핵무기 제조 가능 핵물질을 농축할 수 있는 능력을 보유하게 될 것이고, 그렇게 되면 이란은 유럽 MD보다 빨리 핵무기를 만들 수 있기 때문에 MD는 계속해야 한다"는 것이었다.

공화당의 마이크 로저스(Mike Rogers) 하원의원은 같은 매체와의 인터뷰에서 "나는 오바마 행정부가 푸틴과의 협력적인 관계를 유지하기 위해 MD를 협상 도구로 이용할 가능성이 두렵다"고 말했다. 인호

프의 발언은 더 노골적이다. "우리는 러시아가 나토 동맹과 MD 구축을 훼손하기 위해 이란과의 협상을 지렛대로 삼으려는 시도를 경계해야 하며, 우리는 어떠한 협박에도 굴복해서는 안 된다."[37]

이처럼 러시아 정부는 오바마로부터 받은 편지를 이용해 유럽 MD 계획 철회를 요구했고, 미국 공화당 의원들은 자신들이 받았던 편지를 이용해 오바마에게 흔들리지 말고 계속 MD를 밀어붙이라고 요구했다. 물론 오바마가 러시아에 보낸 편지는 이란 핵문제와 관련 있는 것이고, 상원에 보낸 서한은 핵무기 감축협정과 관련된 내용이어서 두 편지의 성격은 다르다. 그러나 러시아엔 '조건부 MD 포기'를 언급하고, 공화당엔 '무조건적인 MD 추진'을 약속했다. 이 와중에 이란 핵문제 해결에 진전이 생기면서 두 통의 편지가 오바마의 두통거리가 된 것이다.

그런데 오바마 행정부는 러시아와 공화당 사이에서만 샌드위치 신세가 된 것이 아니었다. MD 배치를 약속한 동유럽 국가들과의 관계도 있기 때문이었다. 이와 관련해 브루킹스 연구소의 스티븐 피퍼 (Steven Pifer) 연구위원은 미국이 유럽 MD 계획을 변경할 경우 "미국의 파트너 국가들은 자신들의 생각과 무관하게 미국이 정책을 결정하려 한다고 우려할 것"이라고 지적했다.[38] 실제로 유럽형 MD는 동유럽 국가들과 소련의 몰락 이후 분리된 국가들로까지 나토를 확대하는 전략과 맞물려 있다. 이에 따라 이란 핵문제가 해결되고 미국이 유럽 MD 계획을 철회할 경우 나토 확대 전략도 차질을 빚을 공산이 크다.

MD와 우크라이나 사태와의 연관성도 주목할 필요가 있다. 2014년 초 우크라이나의 친서방 세력은 서방 세력의 지원을 등에 업고 친러 정권을 몰아냈다. 그러자 푸틴은 크림반도 병합으로 맞서고 있다. 이러한 우크라이나 사태의 배경에는 냉전종식 이후 나토의 끊임없는 동진에 대한 러시아의 불만이 깔려 있다. 특히 푸틴은 나토의 동진을 러시아의 치욕으로 간주한다. 그리고 유럽 MD를 나토 동진 전략의 일환으로 본다. MD라는 방패를 씌우면서 러시아 문앞까지 전진하려 한다는 것이다. 우크라이나 사태는 이러한 전략적 갈등이 증폭되는 와중에 터졌다. MD가 직접적인 원인은 아니지만, 중요한 배경으로 작용한 것은 분명한 것이다.

이에 따라 사태는 더더욱 꼬일 공산이 커졌다. 미국은 우크라이나 사태에 불안감을 느끼고 있는 동유럽 국가들과 발칸반도 국가들에게 안전보장을 확약하고 있다. 러시아가 공격해오면 나토의 자동개입 조항에 따라 방어와 격퇴에 나서겠다는 것이다. 이에 따라 이란 핵문제가 해결되더라도 미국이 유럽 MD를 철회할 가능성은 더더욱 줄어들게 됐다. MD 철회는 곧 안보공약 약화로 간주될 것이기 때문이다.

더구나 2014년 11월에 나온 두 가지 상황변화는 MD와 이란 핵협상의 관계를 더욱 복잡하게 만들고 있다. 하나는 공화당이 하원에 이어 상원에서도 다수당이 된 것이고, 또 하나는 11월 24일 협상 시한 내에 이란 핵문제 타결이 실패함으로써 비관론이 커지고 있다는 것이다. 상하원을 석권한 공화당은 MD를 최우선적인 국방정책으로 삼겠다는 의지를 분명히 하고 있다. 동시에 자신들이 만족할 만한 수준으로 핵협상이 타결되지 않으면, 새로운 이란 제재법을 제정해 이 합의를 무효화시킬 것이라고 경고하고 있다. 공화당은 우라늄 농축 자체를 불허해야 한다는 입장인데, 이러한 요구를 이란이 수용할 가능성은 제로에 가깝다.

마이크로 새 나간
오바마-메드베데프 밀담
——

MD와 미러관계, 그리고 미국 국내정치적 민감성 사이의 관계를 잘 보여주는 일화가 있다. 단군 이래 최대 규모의 국제회의라는 2012년 3월 서울 핵안보정상회의 중에 있었던 오바마와 메드베데프 사이의 밀담이 바로 그것이다. 오바마는 마이크가 켜진 줄 모르고 메드베데프 대통령에게 이렇게 말했다.

"제가 재선이 되면 이들 문제, 특히 MD 문제도 풀릴 수 있을 거예요. 그러나 그가 저에게 좀 여유를 주는 게 중요합니다. 이번이 저의 마지막 선거입니다. 제가 재선한 후에는 좀 더 '유연성'을 발휘할 겁니다."

그러자 메드베데프는 "알았어요. 블라디미르에게 전해드리지요"라고 답했다. 오바마가 말한 '그'는 바로 블라디미르 푸틴이었다. 푸틴이

MD 문제를 제기하면 자신이 곤혹스러워지니 좀 자제해주면 좋겠다는 의미였다. 재선에 성공하면 유연성을 보이겠다는 뜻이기도 했다. 참고로 당시 푸틴은 총리였고 현재는 대통령이다.

오바마의 발언이 마이크를 타고 워싱턴까지 전해지자 공화당이 발끈하고 나섰다. 특히 2012년은 대선과 중간선거가 있는 해였다. 안보 호재를 만났다고 판단한 공화당 전국위원회는 '당신이 듣지 않고 있다고 오바마가 생각할 때, 그는 세계 지도자들에게 무슨 말을 할까요?'라는 부제를 달아 문제의 동영상을 유포했다. 공화당의 대선 후보였던 미트 롬니는 "오바마가 러시아에 굴복하려는 뜻을 보였다"며 "오바마의 유연성이 어떤 것인지 미국 국민들은 알아야 할 권리가 있다"고 주장했다. 공화당 소속 존 베이너 하원의장도 "오바마가 한국에서 돌아오면 '유연성'이 어떤 것인지 설명해야 할 것"이라며 정치 공세에 가세했다. 네오콘의 대변인격인 존 볼튼 전 유엔 대사도 오바마가 재선되면 본색을 드러낼 것이라며 "이는 심각한 문제가 아닐 수 없다"고 거들었다. 이처럼 논란이 커지자 오바마는 자신의 발언이 "MD를 포기하겠다는 의미가 아니다"라며 진땀 해명에 나서야 했다.

그렇다면 왜 MD는 미러관계뿐 아니라 미국 국내정치에서도 '뜨거운 감자'일까?

MD를 둘러싼 미러 간의 갈등에는 여러 가지 요인이 복잡하게 얽혀 있다. 미국은 북한과 이란의 위협을 MD 구축의 최대 명분으로 내세우고 있다. 그러나 러시아는 미국이 이들 국가의 위협을 과장하면서 군사력을 앞세운 미국식 단극체제를 유지·강화하려 한다고 의심한다.

또한 미국은 수천 개의 핵미사일을 보유한 러시아가 "제한적인 MD"에 위협을 느낀다는 것은 말도 안 된다고 주장한다. 그러나 러시아는 자국의 핵미사일은 계속 줄어들고 있는 반면에 미국 주도의 MD는 계속 강화될 것이기 때문에 이대로 가다간 전략적 균형이 무너질 수 있다고 생각한다. 아울러 미국은 유럽-중동-동아시아에 걸쳐 '지역 MD'도 구축하고 있는데, 유라시아에 걸쳐 미국 주도의 MD가 완성되면 러시아는 포위당할 수 있다고 우려한다.

이에 따라 러시아는 미국과 나토에게 두 가지를 요구하고 있다. 하나는 "MD 시스템을 공동으로 운용하자"는 것이고, 또 하나는 "미국 주도의 MD가 러시아의 안보를 위협하지 않을 것이라는 약속을 법적 구속력이 있는 조약 형태로 보장하라"는 것이다. 그러나 미국은 이러한 요구를 거절하고 있다. 오히려 미국은 MD 시스템을 루마니아 영토에 배치하기로 했는데, 공교롭게도 루마니아의 MD 기지는 과거 소련이 공군기지로 사용했던 곳이다. 이로 인해 러시아는 미국이 MD라는 '트로이의 목마'를 앞세워 자신의 세력권을 잠식해 들어오고 있다는 강한 의구심을 갖고 있다.

러시아가 MD를 반대하는 데는 푸틴의 야심도 숨어 있다. '21세기의 짜르'라는 별명을 갖고 있는 푸틴은 미국의 쇠퇴를 러시아의 부활과 다극체제로의 전환의 기회로 삼고자 한다. 'MD 반대'는 그 유력한 카드이다. 후술하겠지만, MD 반대는 떠오르는 강대국인 중국과의 전략적 협력을 강화하는 지렛대 역할을 하고 있다. 또한 미국 주도의 MD는 러시아의 군사력을 강화시키는 데 유력한 명분이 되고 있다. 소련 몰락 이후 군사비 지출에서 한때 세계 10위 밖으로 밀려났던 러시아는 최근 미국, 중국에 이어 3위권으로 올라섰다. 이러한 대규모 군비지출의 상당 부분은 MD를 무력화하는 신형 무기 개발·생산에 투입되고 있다.

또한 러시아는 미국을 곤혹스럽게 만들 수 있는 여러 가지 카드도 갖고 있다. 러시아는 2013년 시리아 화학무기 폐기 합의와 이란 핵합의 성사에도 중요한 역할을 했다. 그럼에도 불구하고 미국이 유럽형 MD를 계속 밀어붙이면, 러시아는 전략무기감축협정(New START)에서 탈퇴하여, 유럽을 겨냥한 중단거리 핵미사일의 재배치, 이란 핵문제와 시리아 사태 해결 노력 약화 등의 방식으로 미국에 보복조치를 취할 가능성이 있다.

실제로 이러한 징후는 이미 나타나고 있다. 러시아가 2011년부터 중단거리 미사일 시험발사를 실시하자, 이를 예의주시하던 미국은 2014년 들어 러시아가 군축조약을 위반했다며 항의하고 나섰다. 존 케리 국무장관이 7월 초 세르게이 라브로프 외무장관에게 항의 전화를 한 데 이어, 7월 말에는 오바마가 푸틴에게 항의서한을 보냈다. 문제가 되고 있는 조약은 1987년 미국과 소련이 체결한 '중단거리 핵미사일 폐기 조약(Intermediate-Range Nuclear Forces Treaty: INF. treaty)'

이다. 이 조약은 사거리 500~5500km의 지상 발사 탄도 및 순항미사일의 보유·실험·배치를 금지하고 있다.*

미국의 항의에 대해 러시아는 미국도 INF 조약을 위반한 혐의가 있다며 맞불을 놓고 있다. 미국은 수십 차례에 걸쳐 미사일 요격 실험을 해왔는데, 실험에 동원된 요격 대상 미사일이 INF 조약이 금지한 중단거리 미사일이 아니냐는 문제제기다. 이를 놓고 볼 때, 러시아의 순항미사일 시험 발사는 양수겸장을 노린 것이다. MD 철회를 요구하는 무력시위이자, 이게 받아들여지지 않으면 중단거리 미사일 배치도 불사하겠다는 메시지를 담고 있기 때문이다. 동시에 러시아 내에서는 중단거리 미사일의 필요성을 주장하는 목소리가 높아지고 있다. 미국에 비해 재래식 군사력이 크게 뒤져 있고 미국이 MD에 박차를 가하는 상황에서 중단거리 미사일은 이를 만회해줄 '이퀄라이저'로 여겨지기 때문이다.

● 참고로 이 조약은 특정 무기의 완전한 폐기를 명시한 것으로 평화로운 냉전종식을 가능케 한 이정표로 평가받아왔다. 1991년 '조지 H. W. 부시 행정부의 한국 내 전술핵 철수 → 노태우 정부의 핵무기 부재 선언→남북한의 한반도비핵화공동선언 및 남북기본합의서 채택'로 이어진 '코리아 데탕트'도 이 조약에 힘입은 바가 크다. 이는 곧 INF 조약이 위기에 처하면 그 파장이 전 지구적으로 미칠 수 있다는 것을 의미한다.

닮아도 너무 닮은
두 개의 삼각관계
—

MD라는 프리즘으로 보면, 미국-러시아-이란의 삼각관계는 북한-미국-중국과의 삼각관계와 너무나도 흡사하다. 미국이 유럽과 중동 MD 구축의 최대 명분으로 이란 위협을 내세우는 것처럼, 동아시아 MD의 최대 구실은 단연 북한이다. 그런데 러시아가 유럽 MD가 결국 자신을 겨냥하고 있다고 간주하는 것처럼, 중국도 동아시아 MD가 자신을 겨냥한 것으로 여긴다. 그래서 러시아는 이란 핵문제 해결을, 중국은 북한 핵문제 해결을 대단히 중시한다. 이를 이용해 미국은 때때로 러시아에게 이란 핵을, 중국에게 북핵 해결을 요구한다. 핵문제가 해결되면 MD를 그만둘 수 있다는 당근을 내밀면서 말이다.

이러한 맥락에서 볼 때, MD는 이란 핵문제의 향방에도 중대한 영향을 미칠 수 있는 복병이다. 오바마 입장에서는 이란이 우라늄 농축 권리와 건설 중인 원자로까지 포기하고 이를 근거로 자신은 유럽형 MD를 조절하는 것이 '금상첨화'일 것이다. 그러나 이란이 이런 선택을 할 리 만무하다. 현실적인 타협책은 이란이 IAEA의 철저한 감시하에 제한적이고 평화적인 핵 이용 권리를 갖고, 그것을 미국 등 국제사회의 대이란 경제제재 해제와 맞바꾸는 것이다. 러시아가 마련한 중재안의 핵심도 이렇다. 그런데 앞에서 언급한 것처럼, 미국 공화당이 이런 타협안을 수용할 리 만무하다. 공화당은 한편으론 이란 제재법을 만들어 핵합의를 무력화하려 할 것이고, 다른 한편으론 미진한 핵합의를 근거로 유럽 MD를 계속 밀어붙이려 할 것이다. 그런데 이란 핵 문제 해결에도 불구하고 미국이 유럽 MD를 밀어붙이면 미러관계도 출렁일 수밖에 없다.

이제 동아시아로 시선을 돌려보자. 한반도 위기가 절정에 달했던 2013년 4월의 일이다. 존 케리 국무장관은 4월 13일 중국 베이징에서 양제츠 외교담당 국무위원을 만난 뒤 기자들에게 이렇게 말했다. "만약 위협이 사라진다면 우리로서도 강화된 방어 자세를 갖춰야 할 긴급성이 존재하지 않게 됩니다. 이것이 우리의 희망이며 빠를수록 좋을 것입니다." 쉽게 말해 '중국이 북핵을 해결해주면 동아시아 MD를 증강할 이유가 없다'는 취지의 발언이었다. 당연히 미국 공화당은 발끈하고 나섰다. '네가 뭔데 MD를 하니 마니 하느냐'며 힐난을 퍼부었다.

그러자 케리는 이렇게 해명했다. "미국 대통령은 분명 북한의 위협 때문에 MD 설비를 추가 배치했는데, 논리적으로 한반도 비핵화로 북한 위협이 사라진다면 그런 지시를 내릴 필요가 없을 것입니다. 그러나 이와 관련해 (중국 측과) 어떤 합의나 대화도 없었고 실제 협상 테이블에 올려진 것도 없습니다."

바로 이 지점에서 미국의 딜레마가 존재한다. 케리의 말대로 북핵이 해결되면 MD는 필요 없어진다. 그러나 이건 두 가지 조건이 성립될 때 가능해진다. 먼저 미국이 MD 구축보다 북핵 해결을 더 중시해야 한다. 그런데 1부에서 자세히 다룬 것처럼, 미국 내에서는 MD를 중시하는 세력이 만만치 않게 포진하고 있다. 또한 MD가 중국과 무관해야 한다. 중국과의 협력을 중시하는 세력은 이렇게 여기지만, 중국을 전략적 경쟁자로 보는 세력은 MD가 절대적으로 필요하다고 여긴다. 그런데 후자의 목소리가 점차 강해져온 것이 미국의 현실이다.

이러한 맥락에서 볼 때, 북핵은 미중관계에서 세 가지 얼굴을 품고 있다. 첫째는 한반도 비핵화라는 협력적 목표이다. 둘째는 비핵화를 달성하는 방법을 둘러싼 갈등이다. 중국은 6자회담을 비롯한 대화와 협상을 중시하지만, 미국은 제재와 압박을 선호하면서 중국의 동참을 요구한다. 셋째로 북핵은 미중관계에서 '커튼'과도 같다는 것이다. MD가 좋은 예이다. 미국은 북핵 위협을 이유로 MD를 추진하면서도 북핵을 커튼으로 쳐놓고는 중국의 반발을 가리려고 한다. 반대로 중국은 MD에 강한 불만을 갖고 있으면서도 이 커튼 때문에 자신의 불만이 잘 전달되지 않고 있다고 여긴다. 중국은 이에 더해 미국이 이 커튼을 치울 의사가 없는 것 아니냐는 의구심도 갖고 있다. 정작 문제는 이 커튼이 사라지고 미국과 중국이 직접 대면할 때 발생한다. 북핵이 해결된 이후에도 미국이 계속 MD를 추진하면, 미중관계는 정면충돌로 갈 수밖에 없다. 이러한 맥락에서 볼 때, 북핵은 역설적으로 미중관계에서 완충적인 역할마저 하고 있다.

북핵과 이란 핵, MD와 관련한 미국의 협상 양태를 보면, 대단히 흥미로운 점을 발견할 수 있다. 우연인지는 모르지만, 미국이 MD라는 저울에 북한과 이란을 양쪽에 올려놓고 저울질하는 상황이 10년 가까이 벌어지고 있다는 점이다. 부시 행정부 말기인 2007~2008년에 북미관계는 2000년에 이어 제2의 황금기를 구가했다. 북한을 '악의 축'으로 규정했던 부시가 '테러지원국' 목록에서 북한을 삭제한 것이 대표적이다. 이에 따라 동아시아 MD 구축도 우선순위에서 밀려났다. 그러나 바로 이때 유럽에서는 '신냉전' '미사일 위기'가 언급될 정도로 분위기가 험악했다. 미국이 이란 위협을 이유로 MD 배치를 강행하려고 하자, 러시아가 중단거리 핵미사일을 재배치하겠다고 맞서면서 벌어진 일이다.

그런데 2009년 오바마 행정부가 들어선 이후 상황이 바뀌었다. 오바마 행정부는 북한의 조건 없는 6자회담 제의를 거듭 뿌리치면서 북한 위협을 이유로 한-미-일 MD 구축에 박차를 가하고 있다. '전략적 인내'라는 이름을 달고 말이다. 이러한 배경에는 이미 세 차례의 핵실험을 단행한 북한은 핵을 절대로 포기하지 않을 것이라는 확신이 똬리를 틀고 있다. 동시에 북한 위협을 근거로 아시아 재균형(rebalance) 전략에 박차를 가하기 위한 의도가 내포된 것을 보인다. 이 와중에 동아시아에서는 '신냉전'이라는 말이 나올 정도로 MD를 둘러싼 한미일 대 북중러의 갈등이 커지고 있다. 2014년 '사드(THAAD) 논란'이 대표적이다.

반면 이란과의 핵협상에는 그야말로 올인하고 있다. 이란은 아직 핵실험을 하지 않았기 때문에 협상을 통한 해결이 가능하다는 것이 오바마 행정부의 주장이다. 또한 협상을 포기해 이란의 핵무장 문턱을 넘어서면 중동에서 핵 도미노 현상이 일어나고 중동 분쟁도 격화될 것으로 우려하고 있다. 이 사이에 동아시아에선 '신냉전'이라는 말이 나올 정도로 MD를 둘러싼 한미일 대 북중러의 갈등이 커지고 있다. 2014년 '사드(THAAD) 논란'이 대표적이다.[*]

이러한 상황은 미국이 북한과 이란을 상대로 동시에 협상에 나서기가 어렵다는 것을 보여준다는 것이 필자의 진단이다. 미국은 북핵 협상에 집중할 때는 이란 핵 위협을 이유로 MD 구축에 박차를 가했다. 반대로 이란과의 협상에 몰두할 때는 북핵을 MD의 최대 구실로 삼는다. 이러한 현상이 과연 우연일까? 대화를 통해 적대관계를 해소하려고 하면서도 동시에 또 다른 적을 필요로 하는 것이 미국식 체제의 특징이라면, 이런 현상은 결코 우연이 아닐 것이다.

● 　이에 대해서는 3부에서 자세히 다루기로 한다.

북핵과 북중관계
그리고 미국의 함정

1999년 1월 30일 펜타곤 기자회견장. 윌리엄 코언 국방장관은 "점증하는 깡패국가들(rogue states)의 탄도미사일 위협으로부터 미국과 동맹국을 방어할 수 있는 MD를 구축하라"는 빌 클린턴 대통령의 지시를 받았다며, 그 계획을 설명하기 위해 기자회견에 나섰다. 그의 입에서 거명된 두 나라는 북한과 러시아였다. 하지만 그 맥락은 정반대였다.

코언은 미국의 MD는 깡패국가들의 위협에 대처하기 위한 것이라고 강조하면서 북한을 그 예로 들었다. 북한이 1998년 8월 31일에 발사한 대포동 1호는 "미국이 실제로 본토를 위협할 수 있는 깡패국가들의 미사일 위협에 직면할 수 있다는 것을 강력하게 보여준다"는 것이었다. 반면 러시아를 언급한 이유는 정반대였다. "제한적인 국가미사일방어체제(NMD)는 러시아의 핵 억제력에 대응할 능력이 없기 때문에 러시아는 걱정할 이유가 없다."

그러자 한 기자가 손을 들고 물었다. "장관님, 32년 전에 맥나마라 국방장관 역시 방금 장관께서 말씀하신 것과 흡사한 연설을 했습니다. 맥나마라 장관이 (북한 대신에) 중국을 깡패국가라고 불렀던 것을 제외하면 말이죠. 어떻게 생각하세요?" 그의 질문은 MD 추진 명분이 중국 위협에서 북한 위협으로 바뀐 이유와 과거에도 그렇고 오늘날에도 그렇고 MD가 러시아와는 무관하다는 정부의 설명에 대한 해명을 요구한 것이었다. 다소 당황한 코언은 "제한적인 NMD는 북한과 같은 깡패국가에 대응하기 위한 것"이라는 기존 입장을 되풀이했다.[39]

중국을 북한으로, 소련을 중국으로 바꾸면

중국의 핵무장과 북한의 핵무장을 비교해보면 약 40년간의 격차에도(중국은 1964년에, 북한은 2006년에 최초의 핵실험을 실시했다) 불구하고 여러 가지 흥미로운 공통점들을 발견할 수 있다. 이 가운데 하나는 MD와의 관계이다. 코언의 기자회견에서 알 수 있듯이, 1990년대 이후 북한의 핵과 미사일 문제는 미국 MD의 최대 명분이었다. 미국 주도의 MD가 본질적으로는 중국을 겨냥한 것이라는 의혹이 끊이지 않고 제기되고 있지만, 미국 정부는 MD와 중국을 직접 결부시키기를 부담스러워 한다. 이에 따라 미국 정부는 MD와 중국 사이의 관계에 대해 침묵하거나 '무관'하다는 답변 사이를 왔다갔다 해왔다.

그런데 이와 흡사한 양태는 이미 1960년대에 있었다. 북한을 중국으로, 중국을 소련으로 나라 이름만 바꿔서 당시 문서를 분석해보면,

기막힐 정도로 역사가 반복되고 있다는 것을 알 수 있다.

미국이 MD 개발에 본격적으로 나서려고 했던 시점은 1967년이었다. 존슨 행정부는 센티널(Sentinel)로 불린 MD 시스템 배치 결정을 내렸다. 그런데 당시 미국이 내세운 명분은 소련의 위협이 아니라 3년 전에 핵실험에 성공한 중국의 위협이었다. 소련을 직접 거론하면 소련을 자극해 군비경쟁과 안보 딜레마를 격화시킬 우려가 있다고 봤기 때문이다. 뒤이어 집권한 닉슨 행정부는 센티널을 세이프가드(Safeguard)로 이름을 바꿨지만 공개적인 명분으로 여전히 소련이 아닌 중국을 내세웠다.[40]

비밀 해제된 당시 미국 문서를 통해 더 자세히 들여다보면 이렇다. 중국의 핵실험 성공 이듬해인 1965년, 미국의 한 연구소는 미국이 중국의 대륙간탄도미사일(ICBM) 위협에 대처할 필요가 있다며, MD 시스템을 조속히 구축해야 한다고 주장했다. 그러자 존슨 대통령의 과학보좌관들이 그 타당성을 연구·분석했는데, 결론은 불필요하다는 것이었다. "중국의 협박과 위협"이 우려되지만, MD는 효과적인 방어수단이 아닐 뿐만 아니라, 공연히 소련을 자극해 군비경쟁을 촉발할 우려가 크다는 이유 때문이었다.[41]

그러나 중국이 1964년 원자폭탄 실험에 성공한 데 이어 1966년 중거리 탄도미사일인 '둥펑 2호' 시험발사와 1967년 수소폭탄 실험에 성공하면서 미국 내 중국 위협론이 커졌다. 동시에 소련이 모스크바 방어 목적으로 ABM 체제 구축에 나섰다는 정보도 입수했다. 이에 따라 미국도 하루빨리 미사일 방어망을 갖춰야 한다는 요구가 높아졌고, 결국 1967년 9월 5일 맥나마라 국방장관은 중국을 "깡패국가"로 부르면서 "중국을 겨냥한 ABM 시스템을 배치하기로 결정했다"고 발표했다.

그러자 미국 내에서는 "소련은?"이라는 반문이 나왔다. 이에 대해 맥나마라는 2주 후 기자회견을 통해 "만약 우리가 미국 전역에 ABM 시스템을 배치하면 소련은 확실히 그들의 공격 능력을 강화시켜 우리의 방어적 이점을 무력화시키려고 할 것"이라며, 소련과 미국 내 불만 여론을 동시에 무마하려고 했다. 그러면서 미국의 ABM은 중국이 조만간 보유할 것으로 보이는 ICBM에 대응하기 위한 것이라고 거듭 강조했다. 소련을 중국으로, 중국을 북한으로 바꿔보면, 오늘날 MD에 대한 미국 정부의 화법과 너무나도 닮았다는 것을 알 수 있는 대목이다.

MD와 미중관계의 안정은 양립할 수 있나?

이로부터 50년 정도 지난 오늘날, 미국은 반세기 전과 유사한 딜레마에 봉착해 있다. 미국은 과거에 소련을 최대한 자극하지 않으면서 MD를 구축하려고 했다. 이를 위해 소련을 직접 거명하지 않고 중국 위협론을 내세웠다. 오늘날에는 북한 위협론을 앞세워 중국을 자극하지 않고 MD를 배치하려고 한다. 미국은 냉전시대에는 소련과, 21세기 들어서는 중국과의 전략적 안정을 대단히 중시한다. 그런데 MD는 전략적 안정과 양립할 수 없다. 그래서 중국을 직접 거명하기 곤란한 것이다.

이와 관련해 빌 클린턴 행정부 때 국방장관을 지낸 윌리엄 페리(William Perry)를 비롯한 미국의 저명한 전략가들은 2008년 〈미국의 전략적 태세〉라는 보고서를 통해 이렇게 주문했다. "MD를 구축하는 과정은 러시아나 중국이 미국 및 동맹·우방국들에 대한 위협을 증대시키는 조치를 취하지 않는 방향으로 이뤄지도록 해야 한다."[42]

그러나 이러한 주문은 실현되기 어렵다. 이미 MD를 방패막이로 삼아 미국과 나토가 동진을 거듭하면서 러시아의 반격이 본격화되고 있다. 마찬가지로 중국을 자극하지 않는 MD가 애초부터 불가능하다는 것도 점차 입증되고 있다. 중국의 군사 현대화 프로그램의 상당 부분이 미국 주도의 MD를 무력화하는 데 초점이 맞춰지고 있는 것에서도 이를 잘 알 수 있다. 이와 관련해 이런 질문을 던져볼 수 있다. 냉전시대 미소관계에 적용되었던 전략적 안정론이 21세기 미중관계에도 적용될 수 있을까? 그리고 MD는 여기에서 어떤 함의를 지니고 있을까?

냉전시대는 '긴 평화(long peace)'로 불리기도 한다. 그리고 불안했지만 그나마 전략적 안정을 이룰 수 있었던 것은 사실상 MD를 하지 않겠다는 미소 양측의 약속 덕분이라고 해도 과언이 아니다. 1972년 체결된 ABM 조약이 냉전시대에는 물론이고 2000년까지 "국제평화와 전략적 안정의 초석"이라고 일컬어진 것에서 이를 잘 알 수 있다.

이러한 맥락에서 볼 때, 냉전시대 미소관계와 21세기 미중관계는 두 가지 중요한 차이가 있다. 하나는 핵전력에 있어서 미소 간의 '균형'과 미중 간의 '불균형'이다. 냉전시대는 물론이고 오늘날에도 미국과 러시아는 상대방을 절멸시킬 수 있는 핵전력을 보유하고 있다. 두 나라가 아직까지는 전략적 균형 상태에 있는 것이다. 반면 미국과 중국의 핵전력은 약 '30대1' 정도로 현격한 차이가 난다.* 또 하나는 MD이다. 냉전시대에는 ABM 조약 덕분에 사실상 MD가 없었던 반면에, 21세기 들어 미국과 일부 동맹들의 MD 구축은 가속도가 붙고 있다.

중국의 전략가들은 이 두 가지 점을 강조한다. 핵전력이 크게 앞서는 미국이 MD까지 갖게 되면, 중국은 냉전시대 소련에 비해 전략적으로 훨씬 불리한 위치에 서게 된다는 것이다. 결론적으로 중국의 핵심적인 메시지는 MD와 미중 간의 전략적 안정은 양립할 수 없다는 말로 요약할 수 있다.

이에 반해 미중 간의 적대감은 냉전시대 미소 간의 적대감에 비해 덜하다. 이 점은 미국의 전략가들이 강조하는 부분이다. 양국이 적대관계가 아닌 만큼, 중국이 MD를 걱정할 필요는 없다는 것이다. 그러

●   2014년 현재 미국의 핵무기 보유량은 약 7300개이고, 중국의 보유량은 250개이다.

나 중국은 이 말을 곧이곧대로 믿지 않는다. 오히려 중국은 미국 주도의 MD를 자신에 대한 포위·봉쇄정책의 핵심으로 간주한다. 더구나 미국은 같은 입으로 다른 소리도 한다. 중국이 대북압박과 제재에 적극 동참하지 않으면, 미국도 중국이 우려하는 안보적 조치, 즉 MD를 비롯한 아시아 군비증강과 동맹 강화를 계속할 수밖에 없다고 밝히고 있는 것이다.

북핵과 MD
그리고 미중관계

오바마 행정부가 출범한 직후인 2009년 3월의 일이다. 북한의 장거리 로켓 발사 움직임이 가시화되자, 오바마 행정부는 북한의 행동을 변화시키기 위해서는 중국의 역할이 대단히 중요하다고 봤다. 이를 위해서는 중국을 압박할 카드가 필요하다고 여겼다. 그건 바로 "북한의 행동이 중국의 안보 이익에도 영향을 주고 있다는 것을 깨닫게 해주어야 한다"는 것이었다.

이러한 메시지를 전달하기 위해 오바마 행정부는 2009년 3월 초 제임스 스테인버그 국무부 부장관을 비롯한 고위급 대표단을 중국에 파견했다. 이들은 한미일 공조체제를 과시하기 위해 베이징에 앞서 서울과 도쿄를 먼저 방문했다. 당시 백악관 국가안전보장회의(NSC) 아시아 담당 선임보좌관으로 아시아 정책을 총괄한 제프리 베이더에 따르면, 미국 대표단은 중국 지도부에게 강력한 메시지를 전달했다. 북한의 핵과 미사일 개발이 계속되면 미국은 아시아 동맹 및 군사 태세를 강화하고 MD를 본격 추진할 것이며 한미일 군사협력도 강화하게 될 것이라는 입장이었다. 또한 북한의 핵개발 지속은 "미국의 반대에도 불구하고" 한국과 일본의 핵무장론을 부상하게 만들 것이라고도 경고했다.[43]

미국은 이러한 메시지 전달이 효과가 있었다고 간주했다. 중국이 북한의 2009년 5월 2차 핵실험에 대해 강도 높은 대북제재를 담은 유엔 안보리 결의안 1874호에 동의했다는 것을 그 근거로 여겼다. 또한 이러한 중국의 입장과 대북제재는 '북한식 패턴'을 종식시키는 데도 효과가 있을 것으로 믿었다. 중국과 러시아의 동의로 채택된 안보리 결의안은 북한에게 핵을 포기하고 국제적 고립에서 벗어나든지, 핵개발을 지속하고 더 강력한 국제적 고립을 자초하든지 양자택일하라는 메시지를 확실히 전달할 수 있게 되었다는 것이다. 그러나 미국의 이러한 기대를 비웃기라도 하듯, 2009년 상반기에 악화되었던 북중관계는 하반기 들어 빠르게 회복되었다.

북한은 2012년 12월에 또다시 장거리 로켓을 쏘아 올렸다. 이번에는 광명성 3-2호로 불리는 소형 인공위성이 지구 궤도 위에 안착했다. 그러자 미국은 유엔 안보리 규탄 성명보다 훨씬 강력한 제재 결의를 추진했다. 중국이 결의 채택에 주저하자, 미국은 중국의 핵심적 우려를 자극해보자며 MD 배치 카드를 꺼내 들었다. 이를 두고 〈뉴욕타임스〉는 오바마 행정부 관리들의 말을 인용해 "미국 전략의 핵심은 중국에게 불편한 선택을 강제하는 것"이라고 평가했다. '북한을 징벌하든, MD를 감수하든 양자택일하라'는 메시지였다. 부시 행정부 2기 때 6자회담 수석대표를 맡았던 크리스토퍼 힐 전 국무부 차관보도 "MD 구축을 가속화하면 중국의 주의를 끌게 될 것"이라고 주장했다.[44]

이번에도 효과(?)는 있었다. 중국이 일반적인 예상을 깨고 북한의 로켓 발사에 대한 제재 결의를 채택하는 것에 동의한 것이다. 당연히 미국은 환호했고, 북한은 분개했다. 북한 외무성은 "잘못되었다는 것을 뻔히 알면서도 그것을 바로잡을 용기나 책임감도 없이 잘못된 행동을 반복하는 것이야말로 자기도 속이고 남도 속이는 겁쟁이들의 비열한 처사"라며 중국을 정조준했다. 그리고 3차 핵실험을 강행했다.

중국이 대북제재에 동참하고 북중관계에 노란불이 켜지자, 미국도 기대감을 감추지 않았다. 오바마 대통령은 2013년 3월 15일 ABC 방송과의 인터뷰에서 이렇게 말했다. "중국은 북한 정권의 붕괴를 우려해 북한의 잘못된 행동을 계속 참아왔지만 지금은 생각이 바뀌고 있다." 그러면서 "중국의 북한에 대한 지지가 약해지는 것은 국제사회가 북한에 호전적 자세를 재검토하라고 요구할 수 있도록 한다는 점에서 매우 긍정적"이라고 평가했다.

한-중-일 순방을 마치고 그해 4월 17일 미 의회 청문회에 나선 존 케리 국무장관은 한걸음 더 나아갔다. "나는 중국이 없다면 북한이 붕괴할 것이라고 생각한다. 그래서 우리가 중국과 협력하는 것은 대단히 중요하다. 나는 중국이 우리와 협력할 의사가 있다는 것을 암시해왔다고 생각한다." 케리가 말한 협력이란 중국이 북한을 압박해 북핵 문제가 해결되면, 미국은 MD를 그만둘 의사가 있다는 것이었다. 그러나 앞선 글에서 다룬 것처럼, 이러한 거래 시도는 미국 강경파들로부터 호된 질책을 받았다. 북핵 해결과 MD 자제는 거래의 대상이 아니라는 것이었다.

더욱 중요한 점은 중국의 대북압박 동참에도 불구하고 미국은 MD의 수위를 크게 높였다는 데 있었다. 미국은 2013년 3~4월 한반도 위기를 이유로 MD 기능을 장착한 이지스함 2척을 동아시아로 급파했다. 미국 서부 해안에 14기의 지상배치요격미사일(GBI)을 추가로 배치하고 괌에는 사드(THAAD) 배치 결정을 내렸다. 중국으로서는 배신감이 들지 않을 수 없었다. 중국이 미국의 요구에 응해 대북제재 결의에 동의해줬는데, 미국은 오히려 MD 배치를 가속화했기 때문이다. 이러한 현상은 중국의 대미 불신을 격화시키는 핵심 요인으로 작용해왔다.

중국은 함정에 빠졌다. 중국이 북한에게 강경 자세를 선택했다가 득을 본 경우는 거의 없다. 오히려 북한은 중국과의 관계 악화를 감수하면서 핵실험과 로켓 발사 같은 '마이 웨이'를 더더욱 고집했다. 그리고 이는 북한 위협론을 증폭시켜 MD를 비롯한 미국의 군비증강과 동맹 강화의 빌미로 이용됐다. 결과적으로 중국이 대북제재에 동참하든 그렇지 않든 미국의 대중봉쇄 전략은 계속되고 있는 셈이다.

시진핑 체제의 등장과 북한의 장거리 로켓 발사 및 3차 핵실험이 조우하면서 중국의 북핵 해결 의지가 강해진 것은 사실이다. 한반도 정책의 우선순위로 비핵화를 앞세우고 있는 것도 이러한 맥락에서 이해할 수 있다. 그러나 미국이 대화를 통한 북핵 해결보다 북핵 위협을 이유로 MD를 강화할수록 중국의 전략적 불신도 커질 수밖에 없다. 북핵과 MD의 적대적 동반성장이야말로 중국에겐 최악의 시나리오 가운데 하나이기 때문이다. 이건 한국에게도 마찬가지이다. 그래서 한국이 중국과 평화적인 북핵 해결을 위해 손을 잡는 것이 대단히 중요하다.

009 | MD에 대한
중국의 우려와 대응

중국은 MD를 21세기 최대의 전략적 위협 요소로 간주하고 있다. 일례로 미국의 한 연구자가 중국의 정부 관리, 군 관계자, 민간 전문가 등 60여 명을 인터뷰해 작성한 보고서는 "중국이 미국 주도의 MD를 21세기 최대 위협으로 간주하고 있다"고 결론지었다.[45] 이러한 분석은 중국 공식 문서에서도 확인된다. 2011년 3월에 발표된《2010년 국방백서》에서는 "MD는 국제사회의 전략적 균형과 안정에 해를 끼치고, 국제·지역 안정을 해칠 것이며, 핵 군축 프로세스에 부정적인 영향을 줄 것"이라고 주장하면서 "중국은 어떤 나라도 해외에 MD를 배치해서는 안 된다는 입장"이라고 강조했다.[46] 이러한 입장은 이후에도 줄곧 유지되고 있다.

중국이
MD를 우려하는 이유
—

중국이 MD를 반대하는 이유는 크게 세 가지로 나눠 볼 수 있다. 첫째는 미국 본토에 대한 중국의 핵 억제력, 특히 2차 공격 능력이 약화될 수 있다는 우려이다. 이와 관련해 미국은 "중국이 미국에 대규모 탄도미사일 공격을 가할 수 있는 능력을 갖고 있다"면서도 "이 점은 미국 MD의 초점이 아니다"라고 밝힌 바 있다.[47] 미국 MD는 북한과 이란의 공격에 대비한 제한적인 수준이라는 논리로 중국의 우려를 달래려고 하는 것이다. 그러나 이 정도로는 역부족이다. '의도'와 '신뢰' 문제를 떠나 '능력'의 차이가 너무 크기 때문이다.

2013년 현재 중국은 대륙간탄도미사일(ICBM)을 40기 정도 보유하고 있다. 반면 미국 본토 방어용 MD인 GMD는 "쏘고, 보고, 쏘고"를 통해 1대2의 작전 개념을 상정하고 있다. 즉, ICBM 1기를 요격하는 데 2기의 지상배치요격미사일(GBI)이 사용된다는 것이다. 이 계산에 따르면, 이론적으로는 2013년 현재 30기의 GBI를 보유한 미국은 중국 ICBM 15기를 요격할 수 있다. 15기가 요격당하더라도 중국은 여전히 25기를 갖고 있기 때문에 2차 공격 능력을 유지할 수 있다고 볼 수도 있다.[48]

그런데 이 논리에는 두 가지 중대한 결함이 있다. 하나는 미국의 GBI가 30개로 멈출 것이냐 하는 것이다. 이를 뒷받침하듯 미국은 2013년 4월 북한의 핵과 미사일 위협 대처를 이유로 14기의 GBI를 추가 배치하기로 했다. 미국 내 일각에서는 서부뿐만 아니라 동부에도 GBI를 배치해야 한다는 주장이 나온다. GBI뿐만이 아니다. 미국은 이동식 해상 MD 체제인 이지스탄도미사일방어체제(ABMD)를 ICBM

요격까지 가능한 방향으로 성능 개량 중에 있다. 이처럼 미국의 MD는 자기증식성이 대단히 강하다. 또 한 가지 문제는 미국의 막강한 전략 공격 능력에 의해 중국의 ICBM이 상당 부분 파괴될 수 있다는 것이다. 실제로 미국은 전략폭격기-잠수함발사탄도미사일(SLBM)-ICBM으로 이뤄진 '핵 삼중점(nuclear triad)'을 유지하고 있다. 뿐만 아니라, 미국은 1시간 내에 전 세계 어디든 미사일 공격을 가할 수 있는 '글로벌 재래식 신속공격(Global Conventional Prompt Strike)'을 비롯해 다양한 비핵 공격 능력도 강화하고 있다.

이렇듯 미국의 전략 공격과 MD 능력을 합쳐서 보면, 중국은 이렇게 생각할 수 있다. '미국의 선제공격으로 중국의 ICBM 20기가 파괴되고 미국의 MD로 20기가 요격당하면, 중국의 대미 핵 억제력은 무력화된다.' 중국 정부가 말하는 '전략적 안정 훼손'도 이러한 맥락에서 나온 것이다.

중국이 MD를 우려하는 두 번째 이유는 동아시아 분쟁에 대한 미국의 개입과 관련되어 있다. 중국과 동아시아 역내 국가 사이에 무력 충돌이 발생하면, 최대 변수는 미국의 개입 여부가 된다. 그런데 미국 주도의 MD가 강화될수록, 중국은 자신이 불리해진다고 간주한다. 이는 두 가지로 나눠서 생각해볼 수 있다. 하나는 미국의 힘을 믿고 주변국들이 대담해지는 것이다. 실제로 중국 내에서는 일본이 센카쿠/댜오위다오를 국유화하는 등 도발적 행태를 보이는 배후에 미국이 도사리고 있다는 시각이 대단히 강하다. 또 하나는 중국을 상대로 미국의 군사적 개입이 원활해질 수 있다는 것이다. 여기에는 대만 사태, 한반도 분쟁, 일본과의 센카쿠/댜오위다오 분쟁, 필리핀 및 베트남 등과의 남중국해 영유권 분쟁 등이 해당된다. 3부에서 다루겠지만, 중국은 미국 주도의 MD가 북핵 상황을 더욱 악화시킬 것이라고 우려하기도 한다.

우선 중국은 대만이 미국의 동아시아 MD망에 포함되면 대만의 독립 의지를 부추길 수 있다고 본다. 대만의 MD 편입은 대만이 사실상 미국의 안보 우산으로 들어간다는 것을 의미하기 때문이다. 이렇게 되면 중국이 국시(國是)로 삼고 있는 대만 통일에 근본적인 장애가 조성되고 만다. 이러한 시각은 2000년 7월 14일자 〈워싱턴포스트〉와의 인터뷰에서 중국 외무부 군축위원회 소장인 샤주강의 발언에 잘 담겨 있다. "미국은 입장을 바꿔 생각해보라. 만약 중국이 미국의 한 주에 무기를 공급하면서 독립을 부추긴다면 미국은 중국을 어떻게 대하겠는가?" 미국의 〈워싱턴포스트〉와 UPI통신이 2006년에 입수·보도한 미국의 작전계획 5077에도 유사시 대만을 방어하기 위해서는 MD, 특히 해상 MD가 매우 중요하다는 내용이 담겨 있다.[49]

미국은 중국을 의식해 동아시아 지역 MD에 대만이 포함된다고 명시적으로 말하고 있지는 않다. 그러나 미국은 대만에 패트리엇 최신형인 PAC-3 판매를 끊임없이 시도해왔다. 또한 민간 싱크탱크에서는 대만이 포함되어야 한다는 입장을 공공연히 밝히고 있다. 일례로 전략국제문제연구소(CSIS)는 2014년 10월에 펴낸 보고서에서 "대만의 고성능 레이더를 한국과 일본의 MD 능력과 연결하면 동북아 지역 MD을 강화할 수 있을 것"이라고 주장했다. 특히 이 보고서에서는 "한국, 일본, 대만의 이지스함 센서를 통합하면" 해상 MD가 크게 강화될 것이라고 강조했다.[50]

이 밖에도 북한 급변사태 발생시 한미동맹의 무력 흡수통일 시도, 센카쿠/댜오위다오에 대한 일본의 군사모험주의 등도 중국이 떠올리고 있는 시나리오이다. 아울러 중국은 지역분쟁 발생시 '속전속결'을 추구하고 있는데, 미국이 개입할 경우 이러한 군사적 목적 달성이 불가능해진다고 보고 있다.[51] 중국은 이러한 우려를 바탕으로 미국 본토 방어용 GMD뿐 아니라, 동아시아 MD에도 반대 입장을 분명히 해왔다. 중국은 미국 및 동맹국들이 MD 능력을 갖고 있을 때, 미국이 동북아 분쟁에 훨씬 자유롭게 개입할 것이라고 우려하는 것이다.

중국의 MD에 대한 세 번째 우려는 이것이 곧 미국 동맹국들의 전력 증강으로 이어질 수 있다고 여기기 때문이다. 일본이 대표적이다. 미국은 원활한 MD 협력을 위해서 일본이 군사비 증액, 무기수출 3원칙 완화, 집단적 자위권을 행사해야 한다고 주문해왔다. 일본의 우파는 이를 재무장의 기회로 인식해왔고 아베 정권 들어 가속 페달을 밟고 있다. 이러한 양측의 이해관계는 2013년과 2014년 10월 외교-국방 장관(2+2) 회담을 통해 대외적으로 공식화되었다.

중국은 미일동맹이 냉전시대에는 일본의 재무장을 억제하는 병마개 역할을 한다고 여겼다. 그러나 1990년대 이후에는 미일동맹이 일본의 재무장을 촉진하는 배경이 되고 있고, MD가 그 핵심이라고 여기고 있다. 더 나아가 미국 주도의 MD는 한-미-일, 미국-호주-일본, 미국-인도-일본 등 3자 군사관계 구축에도 핵심 의제라는 점에서 중국의 의구심은 더욱 증폭되고 있다.

중국은 과연
먼저 핵무기를 쓰지 않을까?
—

이처럼 미국은 MD가 미중 간의 전략적 안정을 해치지 않는다고 주장하지만, 중국은 MD를 21세기 최대의 전략적 위협으로 간주한다. 동시에 1980년대 미국의 전략방위구상(SDI)에 대응해 대폭적으로 핵전력을 증강했다가 몰락한 소련의 전철을 밟지 않겠다는 생각도 대단히 강하다. 현실적으로도 전방위적인 핵전력 증강에 나서면 대외적으로는 중국 위협론이 커질 수 있고, 대내적으로는 경제발전에 필요한 자원이 고갈되는 것을 우려한다. 그래서 중국은 점진적으로 핵전력을 증강시키는 방식을 택하고 있다. 핵미사일 보유량을 늘리면서 이동식 발사대와 다탄두미사일 배치를 통해 생존율을 높이려 한다.

핵전력 증강과 관련해 주목할 것은 '둥펑(東風)-41' ICBM 개발이다. 이 신형 미사일은 최대 사거리가 1만4000km에 달해 미국 서부뿐 아니라 동부 전체에 다다를 수 있다. 또한 하나의 미사일에 최대 10개의 탄두를 장착할 수 있는 다탄두미사일이면서 탄두가 각기 목표물을 향해 독립적으로 떨어지는 '다핵탄두미사일(Multiple independently targetable re-entry vehicle: MIRV)'이다. 중국은 2012년 7월 첫 시험발사에 이어 2013년 12월에 두 번째 시험발사를 실시했다. 그만큼 실전배치에 가까워졌다는 것을 의미한다.

핵전력의 관점에서 볼 때, 둥펑-41 미사일은 몇 가지 중대한 함의를 갖고 있다. 먼저 사거리를 워싱턴과 뉴욕 등 미국의 심장부까지 확대시킴으로써 중국의 대미 핵 억제력이 대폭 강화될 것이라는 점이다. "베이징 대 LA"라는 표현이 상징하듯 지금까지 중국은 미국 서부의 대도시를 공격할 수 있는 능력을 갖춤으로써 미국의 핵공격을 억제하는 수준에 머물러 있었다. 그런데 신형 미사일 개발을 통해 미국 전역까지 공격할 능력을 확보하게 되면 "베이징 대 워싱턴, 혹은 뉴욕"이라는 등식이 가능해진다.

또 하나는 MIRV 기술을 채택함으로써 미국의 미사일 방어망을 뚫을 수 있는 능력을 증강할 수 있다는 점이다. 하나의 탄두도 요격하기 쉽지 않은 상황에서 여러 개의 탄두가, 그것도 독립적인 추진력을 갖고 날아오면, 요격 성공률은 더욱 떨어질 수밖에 없다. 만약 중국이 둥펑-41을 실전배치한다면 미국의 MD 전력에도 중대한 영향을 미칠 것이라는 점도 간과할 수 없는 문제이다. 공화당은 미국 동부도 안전하지 않다며 서부에 이어 동부에도 MD를 배치해야 한다고 주장할 것이기 때문이다.

이 외에도 MD 대응 전략과 관련한 중국의 두 가지 움직임도 주목할 필요가 있다. 하나는 위성파괴용 탄도미사일 개발·배치이다. 중국은 2007년, 2010년, 2013년 최소 세 차례에 걸쳐 위성파괴용 탄도미사일을 시험발사했다. MD가 위성을 비롯한 정보 자산에 크게 의존한다는 점에서 이는 미국 주도의 MD를 무력화하기 위한 군사적 조치라고 해석할 수 있다. 또 하나는 극초음속 미사일 개발이다. 중국은 2014년 1월에 이 미사일을 시험발사했는데, 최대 속도가 마하 10에 달한다고 한다. 속도가 빨라지면 그만큼 요격하기가 힘들기 때문에, 이것 역시 MD를 무력화하기 위한 것이라는 해석이 유력하다.

이렇듯 중국이 핵'전력' 증강에 나서면서 핵'전략'에도 미묘하지만 중대한 변화의 조짐을 보이고 있다. 2013년 4월에 발표된 《2012년 중국 국방백서》에 '선제 핵무기 불사용(No First Use)' 정책에 대한 언급이 사라진 것이다. 중국은 1998년 이후 2년마다 국방백서를 발간하고 있는데, 선제 핵무기 불사용 정책에 대한 언급이 빠진 것은 2013년이 처음이다. 대신 인민해방군의 제2포병(중국의 핵전쟁 담당 부대)은 "주요하게는 타국이 중국에 핵무기를 사용하려는 것을 억제하고, 핵 반격을 수행하는 임무를 맡고 있다"고만 기술했다.[52] 중국 국방부 대변인은 예전에 비해 핵전략에 대한 설명의 비중이 줄어들어 빠진 것일 뿐, 중국의 핵정책은 변화가 없다고 해명했다.

이와 관련해 하버드 대학의 중국 전문가인 장후이 박사는 중국이 선제 핵무기 불사용 정책을 철회했다는 일각의 우려는 기우에 불과하다고 주장한다. 그는 먼저 중국의 핵 태세는 선제공격을 가하기에는 낮은 수준으로 유지되고 있다고 지적한다. 실제로 중국은 미국이나 러시아처럼 핵미사일의 즉각적인 발사 준비 상태를 유지하고 있지 않다. 이는 중국이 선제공격보다는 생존율을 높이기 위해 이동식 발사대와 지하 격납고 확보에 치중하고 있는 이유이기도 하다. 아울러 장후이는 중국이 재래식 군사력 증강으로 핵무기에 대한 의존도를 줄이고 있다고도 주장한다.[53]

그러나 다른 해석도 얼마든지 가능하다. 1964년 10월 핵실험에 성공했을 때 마오쩌둥 주석은 "중국은 어떤 조건과 환경에서도 핵무기를 먼저 사용하지 않을 것"이라는 유명한 말을 남겼다. 역대 중국 정부도 이러한 방침을 거듭 확인했고, 이 정책이야말로 다른 핵보유국과 차별되는 중국의 자랑거리라고 강조하기도 했다. 그런데 1~2줄이면 충분한 핵무기 선제 불사용 정책에 관한 서술을 분량상의 이유로 뺐다는 것은 납득하기 힘들다. 결국 중국이 '의도적인 모호성'을 선택했을 공산이 크다. 미국 국방부의 〈2013년 중국 군사력에 대한 연례보고서〉에서도 중국의 핵전략이 "모호해지고 있다"고 지적했다.

이와 관련해 시진핑 주석의 2012년 12월 행보를 주목할 필요가 있다. 그는 공산당 총서기 및 중앙군사위원회 주석으로 선출된 직후 제2포병 부대를 방문했다. 이 자리에서 핵무기 선제 불사용에 대한 언급 없이 중국의 핵전력은 "중국의 강대국 지위의 전략적 기둥"이라고 강조했다. 특히 "중국의 핵전력은 미래의 안보 환경에서 더욱 중요한 역할을 맡아야 한다"며 이를 위해 "강력하고도 기술적인 미사일 전력을 구축하라"고 주문했다.[54] 중국 지도자가 안보전략에서 핵무기의 역할을 강조한 것은 대단히 이례적인 일이다.

그렇다면 시진핑은 왜 선제 핵무기 불사용에 대한 언급 없이 핵무기의 역할을 강조한 것일까? 미국의 핵전문가인 제임스 액튼은 미국이 주도하는 MD를 의식하고 있기 때문이라고 분석한다. 그는 〈뉴욕타임스〉 기고문을 통해 "중국의 국방 관계자들은 미국이 언젠가 중국의 장거리 핵미사일을 무력화시킬 수 있는 재래식 공격 능력과 MD를 구축할 것이라고 우려하고 있다"며 "미국이 MD를 등에 업고 재래식 무기로 중국의 핵무기를 공격할 것이라고 중국이 결론 내리면, 중국은 핵무기를 먼저 사용하려고 할 것"이라고 주장했다[55] "핵무기를 잃기 전에 먼저 쏜다"는 냉전시대의 핵전쟁 논리에서 중국도 예외가 아닐 수 있다는 의미이다.

010 중국과 러시아의 결속은
반(反)MD로 시작됐다

흔히 21세기 세계질서의 핵심 화두로 미중관계가 거론된다. 'G2'로 불리는 양국관계가 경쟁에 방점이 찍힐 것이냐, 협력에 무게중심이 찍힐 것이냐에 따라 세계질서가 크게 달라질 것이라는 의미이다.

이에 못지않게 주목해야 할 변수가 바로 중러관계이다. 두 나라가 손을 잡을 경우 세계질서의 판도도 크게 달라질 수 있기 때문이다. 두 나라는 유라시아 대륙의 상당 부분을 차지할 정도로 광활한 영토를 보유하고 있고, 국제정치의 핵심 무대인 유엔 안전보장이사회 상임이사국이다. 공식적인 핵보유국이자 경제성장을 바탕으로 세계 2위(중국)와 3위(러시아)의 군사비를 지출하고 있다. 이에 따라 냉전시대 가장 큰 지정학적 사건이 중소분쟁과 미중 데탕트였다면, 21세기 들어서는 미국의 동맹 확대 전략과 중러 간의 대응동맹 구축 움직임이 주목된다.

MD는 미국-중국-러시아의 3자관계를 이해하는 키워드 가운데 하나이다. 앞서 설명한 것처럼, 유럽 MD를 놓고는 미국과 러시아가, 동아시아 MD를 둘러싸고는 미국과 중국이 전략적 갈등과 경쟁을 벌이고 있다. 그런데 MD를 둘러싼 갈등은 양자관계에 머물지 않는다.

후술하겠지만, MD는 나토 동진과 한미일 삼각동맹 추진과 맞물려 있고, 'MD 반대'는 중국과 러시아가 결속을 다지는 핵심적인 사유가 되고 있기 때문이다.

미국-소련(러시아)-중국
3자관계 동학
—

기실 이들 강대국들 사이의 관계 동학을 돌아보면 "국제사회에는 영원한 적도, 영원한 친구도 없다"라는 말을 실감하게 된다. 냉전시기의 출발점은 1950년 1월 미국의 애치슨 라인 선포였다. 이 선언은 스탈린에게 위기와 기회를 동시에 안겨주었다. 아시아 방어선에 한국이 포함되지 않은 것은 한반도 공산화 통일의 기회였다. 그러나 미국이 대만을 뺀 것은 미국이 중국에 일종의 러브콜을 보낸 것이었기에 소련으로서는 긴장하지 않을 수 없었다.

이에 따라 스탈린은 미국이 중소관계를 이간질하려는 것으로 간주하고 중소동맹조약 체결을 서두르는 한편, 한국전쟁의 부담을 중국에게 떠넘기려고 했다. 미국과 중국이 싸우게 되면 미중관계가 악화될 것이고, 신생국가 중국은 더더욱 소련에 의존할 수밖에 없을 것으로 봤던 것이다. 또한 중국이 한국전쟁의 늪에 빠지면 중국의 강대국화도 견제할 수 있다고 여겼다. 이처럼 스탈린에게 한국전쟁은 대중전략에 있어서 '일석삼조'의 카드였다.

그런데 한국전쟁을 거치면서 위계화되었던 소련-중국-북한 관계는 스탈린 사후에 균열이 발생하기 시작했다. 흐루쇼프의 스탈린 격하 운동을 수정주의로 간주한 마오쩌둥은 소련에 각을 세웠고, 두 나라는 공산주의 진영 내의 세력권을 둘러싼 경쟁관계에 돌입했다. 북한은 이 사이에서 균형외교를 통해 어부지리를 노렸다.

급기야 1960년대 후반 중·소 두 나라 관계는 우수리 강변에서 무력충돌이 일어날 정도로 악화되었다. 미국은 이 틈을 놓치지 않았다. 미국에게 중국과의 화해협력은 베트남 전쟁의 "명예로운 종결"을 가능케 하는 '탈출구'이자 소련을 견제할 '전략적 입구'라는 의미를 담고 있었다. 중국도 기다란 국경을 맞대고 있는 소련이라는 거대한 위협에 맞서기 위해서 미국이 필요했다.

이에 따라 미국과 중국은 소련이라는 '공동의 적'을 상대하기 위한 전략적 동반관계의 시대를 맞게 되었다. 키신저와 닉슨의 잇따른 중국 방문을 통해 미중 데탕트 시대를 연 것이다. 일본도 1972년 중국과의 관계 정상화를 통해 잽싸게 선수를 쳤다. 이로써 미국-중국-일본은 소련을 견제하기 위한 전략적 동반관계를 구축하게 된다.

반면 중소관계는 이후에도 순탄치 않았다. 그러다가 1970년대 후반 대소 강경노선을 고수했던 마오쩌둥이 사망하고 개혁개방을 주창한 덩샤오핑이 등장하면서 중소관계에도 변화가 일어날 듯했다. 덩샤오핑이 마오쩌둥의 반(反)수정주의 노선을 계승하지 않으면서 두 나라 사이의 정체성 갈등이 좁혀질 소지가 생긴 것이다. 그러나 중국이 1979년 소련의 핵심 동맹국인 베트남을 침공하고 소련이 아프가니스탄을 침공하면서 양국관계는 또다시 얼어붙었다. 중국은 미국에게 베트남 공격 계획을 사전에 통보했고 미국은 이를 양해했다. 또한 미국뿐만 아니라 중국도 아프가니스탄의 대소 항쟁을 도왔다. 냉전시대 세 강대국의 관계를 여실히 보여주는 대표적인 사례들이라고 해도 좋을 것이다.

흥미롭게도 '중소 냉전'은 '미소 냉전'이 종식되면서 데탕트의 시대로 접어들게 된다. 덩샤오핑의 개혁개방 노선이 고르바초프의 페레스트로이카·글라스노스트와 조우하면서 두 나라 사이의 이념 대결은 확연히 줄어들었다. 고르바초프가 아프간 전쟁을 종결하고 중국과의 관계 개선을 적극 도모한 것도 주효했다. 1989년 천안문 사태로 서방 국가들이 중국에게 등을 돌렸을 때, 고르바초프가 베이징을 방문한 것은 양국관계의 변화를 예고해준 것이기도 했다. 무엇보다도 중국의 부상과 소련의 몰락이 교차한 것이 양국관계 재조정의 중요한 배경이었다. 자신감이 커진 중국이, 자신을 추스르기에도 급급한 러시아를 주적으로 간주할 이유가 크게 줄어든 것이다.

이에 따라 양국관계는 1990년대 이후부터 급속도로 가까워지기 시작했다. 1992년에는 갈등의 핵심 요인이었던 국경분쟁을 마무리했고, 1994년에는 양국 정상 사이에 핫라인이 구축되었으며, 1998년에는 '상호 동등과 신뢰에 기반을 둔 전략적 동반관계'를 천명했다. 이러한 성과에 힘입어 2001년에는 우호협력조약을 체결하고 중앙아시아 국가들과 함께 상하이협력기구(SCO)를 발족시켜 준동맹관계까지 구축한 상황이다.

MD에 맞서기 위해
손을 잡다!
―――

이처럼 1990년대 이후 중러관계가 가까워지고 있는 중요한 요인은 위협 인식의 공유 현상에 있다. 러시아는 유럽 냉전종식기에 '단 1인치도 동진(東進)하는 일이 없을 것'이라는 서방 국가들의 약속이 여지없이 무너지고 있는 데 강한 피해의식을 갖고 있다. 2014년 우크라이나 사태 역시 나토의 거듭되는 동진과 더 이상 앞마당을 내줄 수 없다는 러시아의 반격이 맞닥뜨리면서 터진 것이라고 할 수 있다. 가령 냉전 시대 러시아의 고도(古都)인 상트페테르부르크에서 나토 최동쪽까지의 거리는 1600km였는데, 오늘날에는 그 10분의 1인 160km까지 단축된 상태이다.

미국에 대한 중국의 경계심도 커지고 있다. 미국은 "중국을 봉쇄할 의도가 없다"고 말하지만, 중국 내에서는 미국의 강한 부정을 강한 긍정으로 해석하는 분위기가 역력하다. 조지 W. 부시 행정부는 중국을 노골적으로 '전략적 경쟁자'라고 지칭한 바 있고, 뒤이어 집권한 버락 오바마 행정부는 '아시아로의 귀환'을 선언했다. 미국의 '재균형' 전략은 해공군력의 60%를 아시아-태평양에 집중시키고, 기존 동맹관계를 전략동맹으로 재편하며, 인도 및 동남아 국가들과의 전략적 협력을 강화한다는 것을 골자로 한다. 중국이 이를 미국의 대중봉쇄 및 포위 전략으로 간주하는 것도 무리는 아닌 셈이다.

이렇듯 러시아는 미국의 동진에, 중국은 미국의 봉쇄전략에 강한 경계심을 갖고 있다. 두 나라가 초강대국 미국을 적으로 간주하는 경향이 강해지고 있는 것이야말로 중러 밀월의 핵심적 배경인 것이다. 미국이 냉전시대 중소관계의 균열을 이용해 패권적 지위를 공고히 했던 것과는 분명 다른 양상이 벌어지고 있는 것이다.

여기서 MD 문제의 중요성은 거듭 확인된다. 중러관계의 밀월이 반(反)MD 전선에서 비롯되었다고 해도 과언이 아니기 때문이다. 두 나라는 1998년 11월, 99년 4월, 99년 12월에 정상회담을 통해 MD에 반대한다는 입장을 연이어 밝혔다. 주요 내용은 미국의 MD가 "국제사회로 하여금 단일한 생활양식, 가치관, 이데올로기 등의 수용을 강요하는 단극체제를 강화할 것이며, 진영 간 군사 대립을 확대·강화하고, 국제법을 권력정치로 대체하거나 무력에 더 의존하게 만들고 있다"는 것이었다.

중국과 러시아가 미국의 MD에 대한 자신들의 입장을 가장 선명하게 보여준 것은 2000년 7월 장쩌민 주석과 푸틴 대통령이 채택한 'MD 반대 공동성명'이다. 두 정상은 ABM 조약을 보존·강화해야 하고 MD를 반대하는 이유를 구체적으로 명시하면서 "MD 문제와 관련해 긴밀히 협력할 것"이라고 밝혔다.[56] 두 나라 정상이 MD 문제에 대해 별도의 성명을 낸 것도 이례적이었지만, 무엇보다도 MD 문제에 대해 공동으로 전략적 대응을 하기로 한 것이 눈에 띈다. 이 성명에서 분명히 밝힌 대목은 양국이 "전략적 균형과 안정을 유지하기 위해 공동으로 노력한다"는 것이었다. 이후에도 MD 반대는 두 나라 정상회담에 단골메뉴처럼 등장하고 있다.

당시 푸틴은 전략적으로 치밀한 계산하에 베이징→평양→오키나와로 이어지는 동선을 짰다. 베이징에서는 중국과 함께 MD에 반대한다는 입장을 분명히 했고, 평양에서는 김정일 위원장과 북한 위성을 대리 발사하는 문제를 협의했다. 북한 미사일이 MD의 최대 명분이었던 만큼, 그 구실을 제거하기 위한 것이었다. 그리고 오키나와에 가서는 MD 구축을 사실상 금지한 ABM 조약을 보존·강화한다는 내용을 G8 공동성명에 포함시키는 데 성공했다. 이를 통해 알 수 있는 것은 푸틴이 집권 1년차부터 미국 주도의 MD를 전략적 위협으로 간주하고 이를 무력화하는 데 총력을 기울였다는 것이다.

이처럼 중·러가 'MD 반대'를 고리로 손을 잡으려고 하는 데는 미국이 동맹국들과 함께 MD마저 구축하면 전략적 균형이 와해될 것으로 보기 때문이다. 키어 리에버(Keir A. Lieber)와 대릴 프레스(Daryl G. Press) 교수의 분석을 보자.

미국이 배치하려는 MD는 미국의 1차 공격 능력을 감안할 때, 방어적 맥락이 아니라 공격적인 맥락에서 대단히 중요한 함의를 지닌다. 만약 미국이 러시아나 중국을 상대로 선제 핵공격을 가하면, 피격 국가의 핵무기 보유고는 상당 부분 파괴될 것이다. 그리고 상대방이 남아 있는 핵미사일로 보복공격을 가하면 MD로 방어할 수 있게 된다. (중략) 이러한 논리에 따르면, 미국은 50년 만에 핵 수월성(nuclear primacy)을 달성할 수 있는 문턱에 도달할 수 있다.[57]

미국의 MD 구축 의도를 보다 적나라하게 지적하는 학자도 있다. 《강대국 정치의 비극》으로 유명한 존 미어샤이머는 "미국의 정책결정자들은 MD의 궁극적인 목적이 핵의 세계에서, 더욱 안전한 방어 위주의 세계로 전환하기 위한 것이라고 말하지만, 진실은 핵전쟁에서의 승리를 추구하려는 방어망을 원하는 데 있다"고 주장한다. 그리고 가능한 최대의 권력을 추구하는 강대국의 속성을 감안할 때, "강대국이 MD를 개발하려는 것은 충분히 이해할 수 있는 일"이라고 덧붙인다.[58]

미어샤이머의 논법대로 한다면, 중국이나 러시아는 미국과의 핵전쟁에서 패배자가 될 수 있다. 또한 군사력이 가장 강력한 도구인 국제정치에서 미국에게 계속 밀릴 수도 있다. 그래서 두 나라는 힘을 합쳐 미국에 맞서려고 한다. 미국은 이에 아랑곳하지 않고 최강의 공격 능력과 함께 MD도 계속 밀어붙이고 있다. 20세기와 다른 21세기를 기약하기에는 유라시아 지정학이 거꾸로 가고 있는 셈이다.

011 사드 논란과
동북아 신냉전

MD가 동북아의 신냉전을 재촉하는 '21세기 철의 장막'이 될 우려가 크다는 점을 너무나도 잘 보여준 논란이 있다. 2014년 하반기 한반도와 동북아를 강타한 '사드 논란'이 바로 그것이다. 한미 양국이 주한미군기지에 사드 배치를 타진하자, 북한은 물론이고 중국과 러시아도 일제히 반대한다고 목청을 높였다. 한국 내에서도 뜨거운 찬반 논란이 벌어졌고, 이 와중에 김진명의 장편소설 《싸드(THAAD)》가 베스트셀러에 오르기도 했다. 사드가 뭐기에 한반도는 물론이고 동북아를 들었다 놨다 했던 것일까? 그리고 이건 지나간 문제일까?

사드란 무엇인가?

사드는 미국의 '지역 MD'의 핵심 요격체계이다. 정확한 명칭은 종말단계고고도지역방어(Terminal High Altitude Area Defense: THAAD)이다. 미국은 적의 미사일 비행경로를 '이륙(boost)-상승(ascent)-중간(midcourse)-종말(terminal)'의 4단계로 나누고 있다. 여기서 종말 단계

MD에는 크게 두 가지가 있다. 상층 방어를 담당하는 사드와 하층 방어를 담당하는 패트리엇-3(Patriot Advanced Capability-3: PAC-3)가 바로 그것들이다. 그리고 이들은 중단거리 미사일로부터 해외 주둔 미군과 동맹국을 방어하기 위한 '지역 MD'의 일부이다. 사드의 초기 명칭에 'Terminal' 대신에 'Theater(전역)'을 사용한 것에서도 이러한 성격을 잘 이해할 수 있다. 차량에 탑재되는 사드는 패트리엇과 마찬가지로 지상에 배치되는 이동식 시스템이다.

다음으로 사드의 구성 요소 및 작동원리를 살펴보자. 사드는 발사대(launcher), 요격미사일(interceptors), X-밴드 레이더(X-band radar), 발사통제장치(fire control) 등 네 가지로 구성되어 있다. 발사대 1개당 8기의 요격미사일을 장착할 수 있고, 1개 포대는 6개의 발사대와 48기의 요격미사일로 구성된다. 요격미사일은 추진체와 직격탄(kill vehicle)으로 구성되어 있고, 직격탄 내에는 목표물에 직격탄을 근접시키는 적외선 추적장치가 내장되어 있다. 요격 원리는 '총알로 총알 맞히기'에 비유될 수 있는 직접 충돌 방식이다. 레이더는 주로 육군의 이동식 레이더(Army Navy/Transportable Radar Surveillance: AN/TPY-2)를 사용하는데, 때에 따라서는 시추선 모양의 해상 기반 X-밴드 레이더(Sea-Based X-band radar: SBX) 및 이지스함에 탑재된 SPY 레이더를 사용하기도 한다. 발사통제장치는 레이더로부터 제공받은 정보를 판단해 사드나 다른 요격 시스템에 발사 명령을 내리는 시스템을 의미한다. 사드의 발사통제장치는 험비 차량에 탑재되어 있다.

사드의 최대 사거리는 200km이고 요격 고도는 대기권 안팎에 해당하는 40~150km이다. 최대 속도는 초속 2.5km이다. 지점 방어(point defense)인 패트리엇의 방어 범위가 2~4km인 점을 고려하면 지역 방어(area defense)인 사드의 사거리 및 요격 고도는 패트리엇보다 훨씬 넓을 것으로 보인다. 또한 요격 고도가 높은 만큼 요격 시간을 패트리엇보다 더 많이 확보할 수 있다는 것도 장점으로 꼽힌다. 아울러 핵미사일이나 화학탄두미사일을 고고도에서 요격할 수 있기 때문에 낙진 피해를 줄일 수 있다고도 한다.

사드가 실전에서 사용된 적은 2014년 12월 현재까지 없다. 이에 따라 사드의 성능은 비행 시험(Flight test) 분석을 통해 추측해볼 수밖에 없다. MD 주무부처인 펜타곤 산하 미사일방어국(MDA) 자료에 따르면, 사드는 2005년 11월부터 2013년 9월까지 취소되거나 무산된 것을 포함해 모두 17차례 비행 시험이 실시됐다. 주계약업체인 록히드마틴은 시험 성공률이 100%에 육박한다고 자랑하지만, 그 속내를 들여다보면 몇 가지 주목할 점들을 발견할 수 있다.

먼저 초기에는 요격 시도 자체가 없었거나, 실제 미사일이 아니라 가상의 미사일을 요격하는 도상 실험 방식으로 이뤄졌다. 그리고 중기 단계에는 중거리 미사일이 아니라 단거리 미사일, 그것도 탄두와 추진체가 분리되지 않은 상태의 미사일을 요격 대상으로 삼았다. 요격 대상 미사일이 발사되지 않거나 날씨가 좋지 않아 비행 시험 자체가 무산된 경우도 여러 차례 있었다.

추진체로부터 탄두가 분리된 목표물을 요격하는 시험은 2008년 6월에 처음으로 실시됐다. 그런데 이 미사일은 지상에서 발사되어 낙하하는 탄도미사일이 아니라 C-17 수송기에서 떨어뜨린 단거리 미사일이었다. 2009년 3월에는 이지스탄도미사일방어체제(ABMD)와 연합 작전으로 진행됐다. 표적 정보가 이지스함의 SPY 레이더로부터 제공된 것이다.

사드가 주된 요격 대상으로 상정하고 있는 중거리 미사일을 상대로 시험 발사가 추진된 것은 2012년 들어서다. 2012년 상반기에 예정되었던 이 시험 발사는 시험의 효과, 즉 요격 성공을 확신하지 못한 펜타곤에 의해 취소됐다. 취소된 시험은 2012년 10월에 실시됐는데, 록히드 마틴과 MDA는 사드가 최초로 중거리 미사일 요격에 성공했다고 발표했다. 그러나 요격된 미사일은 지상이나 잠수함에서 발사된 중거리 탄도미사일이 아니라 항공기에서 떨어뜨린 공대지 미사일이었다. 2013년 9월 시험도 사드와 ABMD의 통합 작전으로 실시됐다. MDA는 사드와 ABMD가 각각 중거리 미사일을 요격했다고 발표했지만, 요격된 미사일이 정확히 무엇인지는 밝히지 않았다. 이 시험에서 주목할 점은 ABMD가 자체적으로 탑재한 AN/SPY-1 레이더가 아니라 X-밴드 레이더인 AN/TPY-2 레이더가 제공한 정보를 이용했다는 점이다.

이러한 시험 내용을 종합해보면, 사드의 성능에 대해 몇 가지 잠정적인 해석을 내놓을 수 있다. 먼저 실전에서 사드가 주된 요격 대상으로 삼고 있는 지상 발사나 잠수함 발사 중거리 탄도미사일이 시험에서 요격 대상이 된 적이 아직까지 없다는 것이다. 또한 대부분의 요격 성공은 탄두와 추진체가 분리되지 않은 미사일, 그것도 항공기에서 떨어뜨린 미사일을 상대로 이뤄졌다. 미분리 미사일은 몸체가 크고 속도가 느리기 때문에 떨어지는 탄두만을 요격할 때에 비해 성공 확률이 압도적으로 높아지게 된다. 무엇보다도 이러한 시험은 성공을 위해 완벽한 조건을 갖춘 상태에서 이뤄졌다. 날씨를 고려하고 사드 등 요격 체계의 준비 상태를 최고조로 끌어올리며 요격 대상 미사일도 "나간다." 하고 알려주고 실시된 경우가 대부분이었다.

한편 사드는 미국 최대 군수업체인 록히드 마틴이 주계약자이자 생산업체이고, 레이시온 등이 컨소시엄을 구성하고 있다. 2014년 12월 현재 미국 육군은 본토에 2개 포대를, 괌에 1개 포대를 배치한 상황이고, 2015년 내에 2개 포대를 추가적으로 획득할 계획이다. 현재까지 미국을 제외하고 사드 구매 의사를 밝힌 국가들로는 중동의 카타르와 아랍에미리트(UAE)가 있다. 미국이 동맹국의 미군기지나 동맹국에 사드를 배치한 사례는 아직 없으며, 이에 따라 주한미군기지에 배치되면 최초의 사례가 된다.

사드와 핑퐁 게임
: 한미동맹 대 중국-러시아
—

사드를 한국 내에 배치하는 문제가 공론화된 시점은 2014년 5월 말이었다. 이때를 기점으로 한미동맹을 한편으로 하고 중국과 러시아를 다른 한편으로 해서, 마치 핑퐁 게임을 하듯 치열한 주고받기식 신경전이 벌어졌다. 5월 28일 제임스 윈펠드 미국 합참차장은 "북한의 위협에 대비해 아시아·태평양 지역에 MD를 추가 배치하는 방안을 검토 중"이라고 밝혔다. 이어서 "2013년 괌에 사드를 배치한 데 이어 아태 지역의 다른 곳에서도 추가로 할 수 있는지 알아봐야 한다"고 했는데, 그가 말한 '다른 곳'의 유력한 후보지가 바로 한국이었다.

이러한 윈펠드의 발언은 하루 전 〈월스트리트저널〉의 보도와 맞물리면서 커다란 논란을 야기했다. 이 신문은 미 국방 관료들의 말을 인용해 "미국은 사드 배치를 위해 한국에서 현장조사를 실시해왔지만, 아직 최종 결정은 내리지 않았다"고 보도했다. 특히 이 신문은 미국이 사드를 먼저 한국에 배치하고 적절한 시점에 한국이 이걸 구매해주는 방법과 미국이 자신의 사드를 배치하지 않고 한국의 사드 구매를 허용하는 방법 등 다양한 방안이 검토되고 있다고 보도했다.

윈펠드와 발언과 〈월스트리트저널〉 보도를 국내외 언론이 대서특필하면서 사드 논란은 일파만파로 번지기 시작했다. 급기야 중국 외교부는 5월 28일 미국의 사드 배치를 반대한다는 입장을 공식적으로 밝혔다. 이와 동시에 중국 매체들은 한국이 미국의 사드 배치를 허용하면 "한중관계가 희생될 것"이라는 경고성 보도를 내놓기도 했다.

논란이 확산되자 한국 국방부는 5월 29일 "현재로서는 사드 도입을 고려하고 있지 않다"며 진화에 나섰다. 그런데 5일 후 커티스 스캐퍼로티 한미연합사령관이 다시 불을 지폈다. "사드 배치는 미국 정부에서 추진을 하는 부분이고 제가 또 개인적으로 사드의 전개에 대한 요청을 한 바 있다"고 말한 것이다.

스캐퍼로티 발언 직후 박근혜 정부의 입장도 사드 배치를 수용하는 쪽으로 흘러갔다. 김관진 청와대 국가안보실장은 6월 18일 국회 대정부 질의에서 "주한미군이 사드를 전력화하는 것은 상관이 없다"고 말했다. 한 달 뒤 한민구 국방장관은 "미국이 주한미군을 통해서 사드를 한반도에 배치한다면 그것은 북한의 핵과 미사일을 억제하고 한반도 안보태세를 강화하는 데 도움이 될 것"이라며 발언의 수위를 높였다. 이로써 사드 배치는 초읽기에 들어간 것 아니냐는 언론 보도가 쏟아져 나왔다.

그러자 이번에는 러시아가 나섰다. 러시아 외교부는 7월 24일 발표한 논평을 통해 "한민구 한국 국방장관이 주한미군을 통해 미국의 사드를 현지에 배치하는 가능성을 배제하지 않는다고 발언한 데 주목한다"며 이러한 발언은 "경각심을 불러일으키지 않을 수 없다"고 지적했다. 러시아 정부가 이러한 입장을 밝힌 것은 대단히 이례적인 일이다. 이에 앞서 시진핑 주석이 7월 3일 박근혜 대통령을 만난 자리에서 사드를 비롯한 MD 문제에 대해 신중한 대처를 요구했다는 사실이 뒤늦게 알려지기도 했다. 이건 중국 최고 지도자가 사드 문제를 직접 챙기고 있다는 것을 여실히 보여준 대목이다. 동시에 중국과 러시아의 'MD 반대' 공동전선을 거듭 확인시켜준 것이기도 하다.

이처럼 사드 문제가 동북아 국제문제로 비화되자, 한국과 미국 정부는 진화에 나서려고 했다. 7월 말 미국 국무부는 "러시아 내에서 미국의 MD에 대해 강경한 의견이 나오는 것을 이해하지만 이것은 러시아를 겨냥한 것이 아니다"라고 주장했다. 중국의 사드에 대한 우려 역시 근거 없는 것이라고 덧붙였다. 비슷한 시기 한국 국방부도 "(사드 배치는) 러시아 안보와 전혀 무관하기 때문에" 러시아의 반응은 "불필요한 우려와 확대해석"이라고 반박했다. 중국의 반응에 대해서도 마찬가지 방식으로 대응했다.

펜타곤도 각을 세웠다. 로버트 워크(Robert O. Work) 국방부 부장관이 8월 20일 한국을 방문한 자리에서 "MD는 한미동맹에 절대적으로 중요하다"고 강조한 것이다. 특히 그는 한국형미사일방어체제(Korea Air and Missile Defense: KAMD)와 미국 MD가 "최대한 상호운용이 가능한 시스템이 되길 희망한다"고 했고, "한미일 3국이 정보를 공유하는 것이 가장 중요하다"고도 했다. 이는 중국과 러시아의 반발에도 아랑곳하지 않고 사드를 비롯한 MD를 밀어붙이겠다는 의미로 받아들이기에 충분한 발언이었다.

그러나 미국은 곧 꼬리를 내리고 만다. 워크 부장관은 9월 30일 미국외교협회(CFR) 간담회에서 사드를 "전략적 자산(strategic assets)"이라고 일컬으면서 "이걸 이동 배치하는 것은 매우 중요한 국가적 수준의 결정"이라고 신중한 입장을 밝혔다. 펜타곤 수준이 아니라 "대통령 수준"의 결정이 있어야 가능하다는 것이었다.[59] 한 달 전과는 발언 수위가 확연히 달라진 것이다. 그렇다면 왜 펜타곤은 신중 모드로 돌아선 것일까?

그 이유는 중국과 러시아의 강력한 반대에 있었다. 미국은 중국과 러시아의 반대에 대해 "사드는 전략적 MD가 아니기 때문에 사드를 우려할 필요가 없다"는 논리를 내세워 이들 나라를 설득하려고 했다. 즉, 사드는 미국 본토로 날아오는 전략적 탄도미사일을 요격하기 위한 것이 아니라 "지역적 위협에 대응하기 위한 것"이라는 설명이다. 그러나 워크는 이러한 설득이 효과가 없었다고 토로했다. "미국은 러시아와 중국의 우려를 달래기 위해 이들 나라와 계속 협의해왔지만, 이들 나라는 우려를 나타내고 있다"는 것이었다. 그리고 다음 날인 10월 1일 미국 국무부는 "사드 배치와 관련해 어떠한 결정도 내려진 바가 없다"고 밝히면서 사드 논란은 일단 수그러들게 된다. 하지만 2015년 2월 들어 사드 논란은 재점화되고 만다. 미국에서 사드 배치를 결정한 바는 없지만, 북한 위협 대처를 위해 검토 의사를 재차 피력한 것이다. 그러자 중국 정부는 반대 의사를 거듭 표명하면서 한국을 공개/비공개적으로 압박하고 나섰다. 한국 정부가 우왕좌왕하는 사이에 '샌드위치 코리아'가 되고 있는 셈이다.

사드는 중국과
무관한 것일까?

사드 논란과 관련해 중국의 태도를 유심히 살펴볼 필요가 있다. 시진평 주석부터, 외교부, 인민해방군, 주한 중국 대사관, 언론 및 싱크탱크에 이르기까지 지속적이고도 강력하게 사드 배치 반대 입장을 밝히고 있기 때문이다. 그렇다면 중국은 왜 이렇게 민감한 반응을 보이는 걸까? 이 질문은 '사드가 중국과 무관한 것인가'라는 질문과도 연결되어 있다.

이와 관련해 박근혜 정부는 "중국에 위협이 될 만한 유효거리도 아니고 고도도 아니다"라고 주장한다. 사드로는 중국의 대륙간탄도미사일(ICBM)을 요격할 수 없기 때문에, 중국용이라는 주장은 어불성설이라는 의미이다. 실제로 중국의 ICBM은 내륙 깊숙이 있어 사드용 레이더인 X-밴드 레이더의 탐지 범위 밖에 있고, 또한 ICBM은 사드의 요격고도보다 훨씬 높이 날아가기 때문에 사드로 맞힐 수 없다는 것이다. 일단 사드가 중국에서 발사된 ICBM을 잡을 수 없다는 말은 맞다.

그러나 이건 MD에 대한 몰이해를 반영한 것이다. MD는 크게 미국으로 날아오는 ICBM 요격용인 '본토 방어용'과 해외 주둔 미군 및 동맹국 방어용인 '지역 MD'로 나뉜다. 그런데 사드는 기본적으로 중단거리 탄도미사일 요격용인 지역 MD 체제의 일부이다. 쉽게 말해 한국에 사드가 배치되면 그건 미국 본토로 날아가는 ICBM을 잡겠다는 것이 아니라, 중단거리 미사일로부터 주한미군기지를 방어하겠다는 의미라는 것이다. 이와 관련해 다섯 가지 주목해야 할 것들이 있다.

먼저 미국의 MD 전략에 중국이 포함되어 있느냐의 여부이다. 이와 관련해 오바마 대통령의 지시로 미 국방부가 작성한 〈탄도미사일 방어체제 보고서〉에는 "양안관계의 불균형이 심화되고 있다"며, 중국을 "각별한 우려"라고 명시하고 있다. 중국이 대함 탄도미사일을 비롯한 미사일 전력 증강에 나서고 대만을 겨냥한 단거리 미사일을 대거 배치했으며 지휘통제 시스템을 대폭 개선하는 등 군사력 현대화에 박차를 가하고 있다는 이유 때문이었다.[60] 그런데 이 보고서는 오바마 행정부가 2011년 아시아 재균형 전략을 발표하기 전에 나온 것이다. 주지하다시피, 재균형 전략의 핵심은 '중국의 반접근 및 지역 거부(Anti-access/Area-denial, A2AD)' 전략을 무력화해 미국이 동맹국과 함께 행동의 자유를 증진하는 데 있다. 그리고 MD는 이를 위한 핵심적 무기체계이다. 이러한 내용을 종합해볼 때, 미국 주도의 동아시아 MD 체제의 핵심 대상 가운데 하나는 중국이라고 해도 과언이 아니다. 그리고 사드는 지역 MD의 핵심적인 무기체계이다.

둘째, 미국 스스로 MD 배치가 중국의 안보 이익을 겨냥한 것이라고 밝히고 있다는 점이다. 미국의 관리들은 "중국은 항상 그들의 '핵심 이익'과 그들이 대응해야 할 위협을 말하고 있다"며, "이제 중국은 우리 역시 우려를 갖고 있다는 것을 들어야 할 필요가 있다"고 주장한다.[61] 이는 곧 중국이 북한을 압박하지 않으면, 미국은 중국이 가장 우려하는 MD 구축에 박차를 가하겠다는 의미를 내포하고 있다. 실제로 미국은 MD 배치를 중국을 압박할 수 있는 유용한 카드로 인식해왔다. 이는 거꾸로 MD가 중국과 무관하다면 성립할 수 없는 얘기이다.

셋째, 미국의 '주한미군 변형(transformation)' 전략이다. 한국은 중국 심장부에서 가장 가까운 미국의 동맹국이다. 그리고 미국은 동북아 분쟁 발생시 개입하려는 의도를 가지고 주한미군의 전략적 유연성을 추구하고 있다. 그런데 중국은 양안사태든 일본과의 영토분쟁이든 남중국해 분쟁이든, 미국의 개입을 억제하는 것을 사활적인 문제로 간주한다. 사드 배치도 이러한 맥락에서 이해할 수 있다. 아마도 한국 땅에 사드가 들어온다면, 세계 최대 미군기지 가운데 하나이자 중국과 가장 가까운 평택기지가 될 가능성이 상당히 높다. 미중 간 무력 충돌시 핵심 관건 가운데 하나는 평택기지가 대중국용으로 전환될 것인가의 여부에 있다. 이들 기지에서 출격한 미군 전투기는 공중 급유를 받지 않고도 중국의 심장부를 공격할 수 있기 때문이다. 중국이 평택기지가 자신을 향한 발진기지가 되는 것을 억제하는 유력한 방법이 바로 동부 해안에 배치한 중단거리 탄도미사일이다. 그런데 미국은 이미 패트리엇을 배치한 데 이어 사드 배치까지 검토하고 있다. 이렇듯 주한미군의 MD 능력이 배가되면 미국의 대중국 군사적 개입력은 높아지고 중국의 대미 억제력은 약화될 수 있다. 중국은 바로 이 점을 우려하고 있는 것이다.

넷째, 사드와 같이 움직이는 X-밴드 레이더의 탐지 범위이다. 이와 관련해 미국은 세 가지 옵션을 갖고 있다. 하나는 수송기로 이동 배치가 가능한 AN/TPY-2 레이더를 한국 서부에 상시 배치하거나 유사시 배치하는 것이다. 또 하나는 시추선 모양의 해상 기반 X-밴드 레이더를 유사시에 서해로 투입하는 것이다. 어떤 방식이 되었든 탐지 범위가 1000~2000km에 달하는 X-밴드 레이더는 북한 전역은 물론이고 중국의 동부에서 발사된 탄도미사일을 탐지·추적할 수 있다. 탄도미사일뿐만 아니라 중국의 다른 군사 움직임까지도 감시할 수 있다.

끝으로 최근 미국의 MD 실험 양태이다. 미국은 이전까지는 MD 구성 요소를 따로 실험했다가, 2012년 10월부터는 통합 훈련을 강화하기 시작했다. 2012년 10월 25일 실험 때는 PAC-3, 사드, SM-3를 장착한 이지스함(ABMD)이 요격 훈련에 참여했다. 또한 2013년 9월 10일 훈련에도 사드와 ABMD가 동시에 투입됐다.[62] 미국이 이처럼 통합 훈련을 선호하고 있는 이유는 하나의 요격체제가 실패할 경우와 적이 미사일을 동시에 여러 발 발사할 가능성에 대비하기 위한 것이다.

그런데 평택기지(캠프 험프리)와 오산공군기지에는 이미 PAC-3가 배치되어 있고, 필요시 ABMD를 투입하기 위한 군사훈련도 실시하고 있다. 여기에 더해 사드까지 배치될 경우, 미국은 중간단계(ABMD)-종말단계 고고도(사드)-저고도(PAC-3)로 이뤄진 3중 요격 시스템을 구비하게 된다. 그런데 이러한 3종 세트는 북한보다는 중국을 염두에 둔 측면이 강하다. 해상에 배치되는 ABMD가 북한 미사일 요격에 나설 경우, 측면에서 시도해야 하기 때문에 요격 성공 가능성은 크게 떨어진다. 1999년 미국 국방부 보고서에서도 이를 지적한 바 있다. 반면 ABMD를 서해에 배치하면 중국 동부에서 날아오는 탄도미사일 요격을 시도할 수 있게 된다. 사드 역시 저고도로 날아오는 북한 미사일보다 서해를 사이에 둔 중국으로부터 날아오는 미사일 요격에 더 적합하다. 미국의 3종 세트는 중국을 겨냥한 '맞춤형 MD'라고 해석해도 과언이 아닌 것이다.

사드 논란,
어떻게 봐야 할까?
——

중국과 러시아가 사드 배치를 반대하면서 국내에서는 '왜 우리가 주변국 눈치를 봐야 하느냐'는 푸념이 쏟아졌다. 한국으로서는 이웃 국가들의 사드 배치 반대 입장이 내정간섭으로 비춰지면서 불쾌하게 느껴질 수도 있다. 그러나 이건 감정적으로 대할 문제가 아니다. 오히려 중국과 러시아의 입장은 우리의 국익을 고려하더라도 상당히 유념해 볼 가치가 있다.

주지하다시피 중국과 러시아도 북한의 핵무기 및 탄도미사일 개발에 반대하는 데 한국과 한목소리를 내고 있다. 북핵이 자신을 직접 겨냥하지 않더라도 한반도 및 동북아 평화를 위태롭게 하고 이것이 자신들의 국익에도 부정적인 영향을 미친다고 보기 때문이다. MD에 대한 우려 표명도 비슷한 맥락에서 이해할 수 있다. 중국과 러시아가 사드 배치를 반대하는 1차적인 이유는 북핵 해결에 전혀 도움이 안 되고, 오히려 상황을 악화시킬 소지가 크다고 보기 때문이다. 그리고 이건 상당히 타당한 우려이다. 세계 최강의 공격력을 갖춘 미국이 한국 및 일본과 함께 MD 능력을 강화할수록, 북한은 '핵 억제력 강화'로 맞설 것이 불 보듯 뻔하기 때문이다. 이건 단순한 우려가 아니라 현재 벌어지고 있는 현실이자 우리가 가장 경계해야 할 불안한 미래의 단면이다.

물론 북한이 핵과 미사일을 보유하고 있는 만큼 사드를 비롯한 MD가 필요하다는 반론이 가능할 수 있다. 그러나 이는 사실상 북핵 해결을 포기하고 군비경쟁을 해보자는 것과 다르지 않다. 군비경쟁의 실익도 없다. MD와 미사일 사이의 공수(攻守) 관계에서는 공격자가 압도적으로 유리하다. 비용도 공격용 미사일을 만드는 것보다 MD를 만드는 게 훨씬 더 많이 들어간다. 더구나 한반도의 지형적 특성상 MD를 효과적인 방어체계로 보기도 어렵다. 바로 이 지점에서 한국의 국익과 관련해 중차대한 질문이 제기된다. 한국은 물론이고 중국과 러시아 입장에서도 최악의 시나리오는 북핵과 MD가 서로를 먹잇감으로 삼아 손대기 힘든 괴물처럼 커가는 것이다. 이러한 군비경쟁이 지속되면 한반도와 동북아 정세는 날로 불안해지고, 북한과 경계를 맞대고 있는 한-중-러 3국의 국익에도 부정적인 영향을 줄 수밖에 없기 때문이다.

더구나 중국과 러시아는 미국이 MD 명분을 강화하기 위해 6자회담을 비롯한 북한과의 협상을 피하려 한다는 시각이 대단히 강하다. 실제로 사드 논란이 첨예했던 2014년에 중국과 러시아는 사드와 같은 MD 배치가 아니라 6자회담 재개가 북핵 문제 대처에 더 유용한 방안이라는 입장을 줄곧 견지했다. 이를 위해 북한을 설득하여 6자회담 재개 동의를 받아내기도 했다. 그러나 미국은 6자회담 재개를 위해서는 북한의 비핵화 조치가 선행되어야 한다는 입장을 줄곧 고수했다. 한국도 미국의 입장에 동조했다.

이러한 내용을 종합해볼 때, 중국과 러시아가 사드 배치 움직임에 우려를 표하는 것을 색안경을 끼고 볼 필요는 없다. 자신들의 국익을 우선적으로 고려한 입장이라 하더라도, 이건 우리의 이익과도 결코 무관한 것이 아니기 때문이다. 더구나 한국이 이들 나라의 합리적인 우려 제기를 일축해버리면 미래지향적인 한중·한러관계 발전은 더더욱 어려워진다.

이와 관련해 박근혜 정부 외교의 한심함을 지적하지 않을 수 없다. 박근혜 정부는 사드 배치가 안보에 도움이 될 것이라며 사실상 환영 입장을 밝혔다. 중국과 러시아가 강한 우려를 표명해도 아랑곳하지 않았다. 그러자 중국과 러시아는 미국을 직접 압박했다. 그 결과 미국은 사드 배치 결정을 유보키로 했다.

사드는 우리 안보에 선물이 아니라 재앙이 될 것이라는 점에서 한국에 들어오지 않는 것이 국익에 이롭다. 그러나 사드 배치 유보는 한국의 자주적인 판단이나 한미 간의 협의가 아니라 미-중-러 강대국 사이의 관계 동학으로부터 나왔다. 사드 배치를 희망했던 박근혜 정부로서는 그야말로 '닭 좇던 개 지붕 쳐다보는 신세'가 되고 만 것이다. 중국 및 러시아와의 신뢰에 치명상을 입히면서 말이다.

21세기의 ABM 조약이 필요하다

동북아의 전략적 불안의 매트릭스는 네 가지이다. 하나는 한반도 차원에서 한미동맹 대 북한 사이의 갈등이고, 다른 하나는 지역 차원에서 중국과 일본의 갈등관계이다. 글로벌 차원에서는 미국과 중국 사이의 전략적 경쟁이 있고, 이는 동북아 정세에도 중대한 영향을 미치고 있다. 끝으로는 미일동맹(해양 세력) 대 중러협력체제(대륙 세력) 사이의 대립 격화이다. 이게 한미일(남방 삼각동맹) 대 북중러(북방 삼각동맹)로 확대될 가능성도 있다.

북핵 문제 및 이에 대한 한미일의 MD 구축 시도는 이러한 갈등 구조를 더욱 격화시키고 또 복잡하게 만들고 있다. 1990년대 후반 이후 MD가 미일동맹의 결속을 다지는 핵심 프로젝트였던 것만큼이나,

미국 주도의 MD는 냉전시대 적대적이었던 중러관계를 우호협력관계로 전환시키고 준군사동맹 관계로까지 나아가게 하는 결정적 계기가 되고 있다. 특히 최근 미일동맹이 한국을 MD에 편입시키려는 시도가 가속화되면서, 북한은 물론이고 중국과 러시아까지 한목소리로 '반대'를 외치고 있는 것도 주목할 필요가 있다. 이들 나라는 미국 주도의 동북아 MD를 전략적 안정을 위협하는 요인으로 간주하고 있기 때문이다.

동북아에서 악화되고 있는 전략적 갈등은 냉전시대 미소관계와 비교해보면 더욱 분명히 드러난다. 미국과 소련은 냉전시대에 극심한 이념 대결, 세력권 확장 경쟁, 군비경쟁 등에도 불구하고 그나마 전략적 안정을 유지할 수 있었다. 그 결과 냉전(cold war)은 긴 평화(long peace)라는 또 하나의 이름을 낳기도 했다. 이러한 배경에는 1972년 체결된 ABM 조약이 결정적이었다. 양국이 사실상 MD를 하지 않기로 약속함으로써 전략적 안정의 두 축인 위기관리와 군비경쟁 억제에 진전을 이룰 수 있었던 것이다.

그러나 30년 동안 "국제평화와 안정의 초석"이라고 칭송받았던 ABM 조약은 조지 W. 부시 행정부가 9·11 테러를 틈타 파기함으로써 역사의 무대 뒤로 사라져버렸다. 그 자리는 세계에서 가장 강력한 공격 능력을 갖춘 미국의 '방패 만들기'와 이를 무력화하려는 러시아와 중국의 '창 만들기' 경쟁이 대신하고 있다. 특히 동북아에서 이러한 경쟁이 점입가경으로 치닫고 있다. 동북아 4강뿐만 아니라 남북한까지 가세해 한미일 대 북중러 사이의 MD 갈등이 전면화되고 있기 때문이다. 한때 북핵 문제가 5자를 결속시킨 사유였다면, 이제는 MD가 6자를 분열시키고 헤쳐 모이게 만들고 있는 셈이다. 사드 논란은 이러한 속성을 여실히 보여주고 있다.

이 문제는 대단히 심각하게 바라봐야 한다. 냉전을 그나마 불안한 평화로 유지케 했던 ABM 조약이 오늘날에는 없다. 한반도에서 북핵과 MD가 적대적으로 동반성장하면서 그 파장이 동북아 전체로 번지고 있고, 강대국 간의 군비경쟁도 고개를 들고 있다. 이는 적어도 오늘날의 동북아 질서가 냉전시대보다 질적으로 좋지 않은 측면이 있다는 것을 의미한다. 북핵과 MD의 적대적 의존관계를 혁파하지 않는 한, 동북아의 전략적 안정과 평화는 공허한 구호로 끝날 것임을 너무나도 잘 보여주는 현실이다.

현재의 상황을 종합해볼 때, 미국·러시아·중국 등 핵 강대국들은 '21세기판 ABM 조약' 체결을 추진할 필요가 있다. 이러한 형태의 조약이 현재와 미래에 갖는 의의는 막중하다. 군비경쟁 억제와 위기관리를 두 축으로 하는 전략적 안정을 획기적으로 증대시킬 뿐만 아니라, 핵무기 감축에도 중대한 모멘텀을 형성할 수 있기 때문이다. 미국은 MD가 핵무기에 대한 의존도를 줄여 '핵무기 없는 세계' 건설에 이바지할 수 있다고 주장한다. 그러나 현실은 MD와 핵무기 없는 세계가 양립할 수 없다는 정반대의 진실을 보여주고 있다.

3

은밀하게
위험하게

.

트로이의 목마•

•   이 글은 대한민국임시정부기념사업회가 발간하는 《독립정신》 76호(2014년 7/8월호)에 기고한 것을 대폭적으로 수정·보완한 것이다.

그리스와 트로이 사이의 10년전쟁 막바지, 그리스의 전략가 오디세우스는 뛰어난 건축가인 에페이오스에게 '트로이의 목마(Trojan horse)'를 만들게 한다. 그리스 병사들은 철수하는 척하면서 인근 섬에 주둔하고는, 거대한 트로이의 목마를 '그리스가 철수하면서 아테나 여신에게 바치는 선물'이라며 트로이의 성안으로 들여보낸다. 전쟁이 끝난 줄 안 트로이 사람들은 목마 주위에서 술 마시고 노래하고 춤을 추면서 축제를 즐긴다. 이들이 술에 곯아떨어진 사이, 목마 안에 숨어 있던 그리스 소수정예부대는 공격에 나서고 인근 섬에 주둔하고 있던 그리스 병사들이 성안으로 대거 몰려든다. 전쟁은 이렇게 끝난다.

우리에게 익숙한 현실 속의 '트로이의 목마'도 있다. 바로 컴퓨터 바이러스이다. 겉보기에는 정상적인 프로그램으로 보이지만 막상 설치하면 악성코드를 실행한다. 그래서 붙은 이름이 '트로이의 목마'이다.

한국 땅에도 트로이의 목마가 들어오고 있다. 한미일 군사정보공유 방침 및 이와 연동된 MD가 바로 그것이다. 한미일 3국 정부와 보수적 전문가들은 이 목마가 한국 안보에 도움이 되는 '선물'이라고 말한다. 북한의 핵과 미사일 위협을 고려할 때, 피상적으로 보면 선물처럼 느껴질 수 있다. 그러나 이것은 한국의 국익을 총체적으로 위협할 '트로이의 목마'가 될 공산이 크다.

한미일 군사정보공유의 1차 의도는 미국 주도의 동아시아 MD 구축에 있다. 그리고 그 궁극적인 목표는 한미일 삼각동맹 체제의 완성이다. 한미일 MD가 강화될수록 한반도와 동북아의 군비경쟁과 군사적 긴장도 격화될 수밖에 없다. 한중관계도 불안해질 것이다. 한미일이 군사적으로 뭉치면 북중러도 뭉칠 공산이 커진다. 그 결과는 식은 땀 나는 신냉전이 될 것이다. 또한 세 나라가 군사정보를 공유한다는 것은 한일 간에도 집단적 자위권을 행사한다는 것을 의미한다. 그렇게 되면 일본은 집단적 자위권 행사는 물론이고 군사대국화에 날개를 달게 된다. 이게 과연 한국의 국익에 부합할까?

'꼼수'로 가득 찬
한미일 정보공유 약정
—

2014년 12월 말, 박근혜 정부는 마치 군사작전 하듯이 한미일 정보공유 약정을 체결했다. 우선 '은폐' 작전을 폈다. 정부는 5월 말에 한미일 국방장관회담에서 3자정보공유 약정을 추진키로 합의하면서 이후 협의 과정을 투명하게 공개하겠다고 밝힌 바 있다. 그러나 12월 중순에 일본 언론이 "약정 체결이 임박했다"고 보도할 때까지 철저하게 함구했다. 또한 '기만' 전술도 선보였다. 정부는 12월 26일, "29일 한미일 국방차관이 서명을 하면 발효된다"고 밝혔다. 그런데 미국은 12월 23일에, 일본은 26일 오전에, 한국은 26일 오후에 서명한 사실이 드러났다. 이미 서명을 해놓고 국민에게는 거짓말을 한 것이다. '회피' 전술도 선보였다. 국방부는 한국은 미국에게 군사정보를 전달하게 되고, 미국은 한국의 승인을 받은 다음 일본에게 그 정보를 전달한다고 밝혔다. 그러나 약정 어디에도 이러한 내용은 없다.

또한 이 약정에는 중요한 두 가지 꼼수가 있다. 하나는 군사정보보호협정에 미국을 포함시킨 것이다. 이미 한미, 미일 간에는 군사협정이 체결되어 있다. 그래서 한일 간에만 체결하면 3자 군사정보공유가 이뤄질 수 있다. 그런데 한일 군사협력에 대한 한국인들의 거부감이 대단히 강하다. 이건 2012년 이명박 정부가 국회와 국민 몰래 추진했던 한일군사정보보호협정 체결 당시에 확인된 바 있다. 그래서 미국을 끼워 넣었다. 이렇게 하면 한국 국민들의 반감이 줄어들 것이라는 기대를 했을 것이다. 실제로 한미일 3자 약정 체결에 대한 비판 여론은 한일 군사협정 추진 때보다 훨씬 덜했다. 꼼수가 통한 것이다.

또 하나는 군사정보보호협정을 약정 형태로 추진한 것이다. 조약이나 협정 형태로 추진하면, 국회의 동의 필요성이 커진다. 국회 동의 과정에 앞서 협정문도 공개해야 한다. 이렇게 되면 공론화를 피할 수 없게 된다. 2012년 한일군사정보보호협정 추진 당시에는 이랬다. 반면 행정부 기관, 즉 국방부 사이의 약정 형태로 추진하면, 국회 동의를 받지 않아도 되고, 그 전문을 미리 공개하지 않아도 된다. 2014년에는 이런 방식을 취했다.

중요한 것이 또 있다. 한미일 군사정보공유가 2009년부터 밀실에서 논의되어왔다는 것이 바로 그것이다. 먼저 위키리크스가 폭로한 주일 미국 대사관 외교 전문의 일부를 보자. 에드워드 라이스(Edward Rice) 주일미군 사령관은 2009년 7월 16~17일 도쿄에서 열린 차관보급 한미일 3자안보토의(U.S.-Japan-ROK Defense Trilateral Talks: DTT)에서 "정보공유가 미국과 일본, 미국과 한국 양자 사이에서 배타적으로 이뤄지고 있기 때문에 MD에 차질을 주고 있다"고 지적했다. 그러면서 "공유된 지식과 능력으로부터 나오는 중요한 장점들과 함께 3자 정보공유가 이뤄지면 더욱 효과적인 MD가 가능하다"고 주장했다.[63] 특히 주일 미국 대사관은 3자 간의 정보 협력은 "다른 분야에서의 효과적인 협력을 위한 선도적 조치(precursor)"라고 평가했다. 3자 간의 정보공유가 한미일 삼각동맹으로 가는 초석이 될 것이라는 취지의 평가이다.

그렇다면 미국은 왜 3자정보공유 및 MD 필요성을 제기하고 나선 걸까? 이 회의에 참석한 미국 측 수석대표인 마이클 쉬퍼(Michael Schiffer) 국방부 동아태 담당 부차관보의 발언 속에 그 답이 담겨 있다. 그는 북한의 향후 도발은 북방한계선(NLL)과 비무장지대(DMZ)뿐만 아니라 "일본이나 괌을 겨냥할 수 있다"며, 3자대화에는 이러한 시나리오도 포함되어야 한다고 주장했다. 그러자 한국 측 수석대표인

김상기 국방부 정책실장은 "쉬퍼의 평가에 동의한다"면서 "한국을 겨냥한 위협에만 초점을 맞추는 것은 현명하지 못하다"고 말했다. 이때다 싶었던 미국 태평양사령부 전략기획(J-5) 참모장 랜돌프 알레스(Randolph Alles) 중장은 2009년 12월 9일 하와이 인근에서 예정된 MD 실험에 한·일 정부가 참관할 것을 제안했다. 이에 대해 일본 측은 적극적인 지지 의사를 밝혔고, 김 실장은 한국으로 돌아가면 긍정적으로 검토하겠다고 답변했다.[64] 실제로 한국은 옵저버 자격으로 이 훈련을 참관했고, 이듬해부터는 미국과 함께, 2012년부터는 한미일 3국이 해상 MD 훈련 '태평양의 용(Pacific Dragon)'을 해오고 있다.

정리하면 이렇다. 미국은 '한국-오키나와를 포함한 일본-괌'은 사실상 '단일 전장권(single integrated theater)'이라는 논리를 편다. 한반도 유사시 미국 군사력이 이들 지역에서도 투입되고, 또한 유사시 이들 지역도 공격당할 수 있다는 의미이다. 그리고 일본 본토와 오키나와, 괌이 공격당하는 시나리오는 적의 탄도미사일 발사라고 주장한다. 그래서 한미일 3자 MD가 필요하고, 이를 위해서는 한미일 3자정보공유가 필수적이라는 것이다. 안타깝게도 이명박 정부는 물론이고 박근혜 정부도 이러한 논리에 말려들고 말았다.

이와 관련해 일본 본토 및 오키나와뿐만 아니라 괌도 주목할 필요가 있다. 이 섬이 아시아-태평양 재균형(rebalance) 전략을 선언한 미국의 핵심적인 전략기지로 부상하고 있기 때문이다. 괌의 군사화는 세 가지 특징을 띠고 있다.[65]

첫째, 괌이 군사력의 60%를 아태 지역으로 집중키로 한 미국 군사 계획의 허브로 등장하고 있다. 2000~2014년 사이 괌에는 세 척의 핵 잠수함과 F-15, F-16, F-18, F-22 등의 전투기와 B-1, B-2, B-52 전략 폭격기 및 각종 공중급유기 등 해공군력의 핵심 전력이 배치되어왔다. 여기에 더해 2020년까지 오키나와 주둔 해병대 가운데 8000명을 괌으로 이전 배치한다는 계획도 세워놓고 있다.

둘째, 이는 미국의 단독계획이 아니라 미일동맹의 강화라는 맥락에서 이뤄지고 있다. 일례로 버락 오바마 대통령과 아베 신조 총리는 2014년 4월 정상회담 공동성명을 발표하면서 이렇게 강조했다. "미일 양국은 지리적으로 분산되고 작전상으로 민첩하며 정치적으로 지속 가능한 미국의 아태 지역 군사 태세를 지속적으로 발전시키기로 했다. 여기에는 괌을 전략적 허브로 만드는 것도 포함된다." 또한 미국과 일본은 2005년 외교-국방 장관(2+2) 회담에서 일본 자위대가 괌에서도 훈련하는 것을 허용키로 했고, 실제로 자위대는 괌 훈련에 참가하고 있다.

셋째, 괌의 군사화는 미국의 '차세대 전쟁 계획'으로 일컬어지는 공해전(空海戰, Air-Sea Battle) 개념과 밀접히 연관되어 있다. 미국이 2011년 11월 공식 발표한 공해전 개념은 공군, 해군, 해병대가 합동전력을 구축해 중국의 '거부 전략(denial strategy, 미국이 중국의 세력권 안으로 들어오는 것을 차단하는 전략)'을 무력화하고, 아태 지역에서 미국이 '접근의 자유(freedom of access)'를 유지·강화하겠다는 목적에서 나온 것이다. 지리적으로나 군사력 건설의 성격상 괌은 이 개념에 딱 맞는다.

이처럼 괌이 전략기지화 될수록 유사시 상대방의 전략적 타깃이 될 가능성이 높아지게 된다. 그 예고편은 2013년 봄 한반도 위기 때 나타난 바 있다. 미국은 괌에서 B-2와 B-52 전략폭격기를 출격시켜 한국에서 모의 핵폭격 훈련을 실시했고 이례적으로 이 사실을 공개했다. 그러자 북한은 괌을 '불바다'로 만들겠다고 위협했고, 미국은 괌에 고고도미사일방어체제인 사드(THAAD) 배치로 응수했다.

괌의 군사화와 한국과의 관계는 두 가지 맥락에서 그 문제를 짚어볼 수 있다. 하나는 괌 방어용 MD에 한국도 참여하라는 것이다. 유력한 방법은 한국에 X-밴드 레이더를 설치하거나 한국형 이지스함이 상대방의 탄도미사일 발사를 탐지·추적해 미국이나 일본에게 전달해 달라는 것이다. 또 하나는 괌 기지 건설에 한국도 돈을 내라는 것이다. 이와 관련해 의회조사국 보고서는 "한국이 괌의 국방력 건설비용을 일부 부담하는 것이 하나의 옵션이 될 수 있다"고 밝혔다.[66]

미국, "3자 MD로 가자!"
환영하는 일본, 편입되는 한국
———

미국이 한미일 삼각 MD 체제를 추진하려는 의도는 미국 국무부 프랭크 로즈(Frank Rose) 부차관보의 발언에서 잘 드러난다. 그는 2010년 9월 하순 도쿄 연설을 통해 "아시아에서 일본과 한국은 이미 중요한 MD 파트너들"이라고 일컬으면서 양자협력을 넘어선 다자 간 MD 협력의 필요성과 장점을 강조했다. "정치적으로는" 적의 위협에 대한 공동의 대응능력을 강화시켜주고, "운용상으로는" 정보와 요격미사일 공유 등의 방식으로 MD 작전 능력을 증진시켜줄 것이며, "재정적으로는" MD 동맹국들 사이의 중복투자를 줄여 비용절감형 MD를 구축할 수 있다는 것이다. 세 나라가 함께 MD를 하면 적의 미사일 위협에 공동대처가 가능하고, 작전 효율성도 증대할 수 있으며, 경제성도 높일 수 있다는 의미이다.

3자안보토의에서 한미일 3자 MD 및 정보공유의 필요성을 확인한 미국은 공개적으로 발언 수위를 높이기 시작했다. 3자안보토의는 MD를 고리로 삼아 한미일 삼각동맹을 추진하는 은밀한 '컨트롤 타워'에 해당된다.

펜타곤의 핵·미사일 방어 정책담당 부차관보인 브래들리 로버츠(Bradley H. Roberts)는 2012년 3월 12일 미 하원 청문회에서 이렇게 말했다. "미국은 일본·호주 및 일본·한국과 3자대화에 참여하고 있다. MD는 이들 대화에서 다뤄지고 있는 주제다. 이러한 3자대화는 MD 협력을 확대하고 지역안보를 강화하며 동맹국의 능력을 향상시키고자 하는 미국의 노력의 핵심적인 요소이다."[67] 2주 후 매들린 크리던(Madelyn Creedon) 국방부 글로벌 전략담당 차관보도 '유럽 MD'와 흡사한 지역 MD 시스템을 아시아와 중동에도 구축할 예정이라고 밝혔다. 그러면서 아시아에서는 한-미-일과 미-일-호주 두 축으로 3자 대화를 하고 있다고 덧붙였다.[68]

이명박 정부도 이에 호응하고 나섰다. 2012년 5월 들어 한일군사정보보호협정 체결을 은밀히, 그러나 전광석화처럼 추진한 것이다. 그러나 일본 언론이 이를 보도하고 국내 언론에서도 대대적으로 보도하자 더 이상 숨길 수가 없게 되었다. 여론의 뭇매를 맞은 이명박 정부는 결국 이 협정 체결을 유보키로 했다. 그리고 8월 중순 '친일' 혐의를 씻기 위해 한국 대통령으로는 최초로 독도를 기습 방문했다.

당시 이명박 정부는 한일군사협정과 MD 사이의 관계를 한사코 부인했다. 그러나 이 문제에 정통한 아시아-태평양 안보연구센터의 제프리 호녕(Jeffrey W. Hornung) 박사는 이렇게 말했다. "(한일) 두 나라는 북한의 미사일 위협에 직면해 있기 때문에, 군사비밀보호협정은 3자 MD 협력을 위한 조치를 발전시키는 데 결정적으로 중요하다."[69]

2012년 한일군사협정 체결 무산으로 주춤하던 한미일 군사협력 움직임은 2014년 들어 다시 가속화되기 시작했다. 그 중요한 출발점은 버락 오바마 미국 대통령이 주선한 한미일 정상회담이었다. 3월 26일 네덜란드 헤이그에서 열린 이 회담에서 오바마는 3자 간 군사 결속의 필요성을 강조하면서 "MD를 어떻게 더 심화시킬 수 있는지 논의할 것"이라고 말했다. 오바마의 제안에 따라, 4월 중순에는 한미일 3자안보토의가 워싱턴에서 열렸다. 이 회의에서 한미일은 MD 협력 강화 및 이를 위한 한미일 군사정보공유 문제를 심층적으로 논의했다.

그리고 나서 오바마 대통령이 또다시 직접 나섰다. 4월 하순 일본과 한국을 차례로 방문해 3자 간 MD 및 정보공유 문제를 정상회담의 핵심 의제로 삼은 것이다. "회담 결과는 문서가 말해준다"고 하는데, 한미정상회담에서는 이렇게 해석할 수 있는 두 가지 중요한 표현이 담겨 있다. "MD의 상호운용성 증대" 및 "한미일 3국 간 정보공유"가 바로 그것이다.

뒤이어 오바마와 아베는 각자 중요한 국내적 조치를 취했다. 오바마는 한미일 군사동맹 설계자 가운데 한 사람이자 최측근인 마크 리퍼트를 주한 미국 대사로 내정했다. 아베는 헌법 해석을 바꿔 집단적 자위권 행사를 공식화하기로 했다. 리퍼트 내정자의 핵심 임무가 한미일 군사협력 강화에 있고, 집단적 자위권의 핵심적인 목표가 미일동맹 일체화 및 한미일 MD에 있다는 점에서 이 둘은 분리된 것이 아니다. 이에 더해 5월 22일 미 하원은 2015년 국방수권법을 통과시켰는데, 여기에는 이런 내용이 담겨 있다. "미 국방장관은 한미일 MD 협력 강화 방안에 대한 평가 작업을 실시하고 이를 법안 발효 뒤 6개월 안에 하원 군사위에 보고하라."

급기야 5월 31일 싱가포르에서 열린 한미일 국방장관 회담에서는 최고 실무자 수준에서 3자정보공유 방침을 분명히 했다. "3국 장관은 북한 핵·미사일 위협과 관련된 정보공유의 중요성을 재확인했으며 이 사안에 대해 앞으로 계속 검토해나갈 필요성이 있다는 데 견해를 같이했다"고 밝힌 것이다. 그리고 세 나라는 정보공유를 3자 간의 약정 형태로 추진키로 하고 이를 위한 실무그룹도 만들기로 했다. 이러한 입장은 10월 하순에 워싱턴에서 열린 한미연례안보회의(SCM)에서 거듭 확인되었고, 연말에 기습적으로 체결됐다.

MD-집단적 자위권-한미일 삼각동맹의 연결고리

일본의 군사대국화와 한미동맹 및 미일동맹, 그리고 꿈틀거리는 한미일 삼각동맹의 유기적 연결고리를 찾는 데 있어서 중요한 것이 바로 MD와 집단적 자위권이다. 일본 우익이 집단적 자위권을 강력히 추진하고 미국이 이를 적극 지지하는 데는 MD가 핵심 배경이라는 점을 이해하는 것이 대단히 중요하다. 동시에 미국은 한반도 유사시 유엔사 후방기지 및 주일미군이 주둔하고 있는 일본과 전략기지화되고 있는 괌도 단일 전장권이라는 개념을 내세워 한국의 기여를 요구하고 있다. 위키리크스가 폭로한 외교 전문을 중심으로 그 흐름을 살펴보자.

당초 일본은 MD와 집단적 자위권은 관계가 없다는 입장을 밝혔다. 일례로 2003년 12월 후쿠다 야스오 관방장관은 일본의 MD 배치 결정을 발표했다. 이 자리에서 그는 "일본의 MD는 오로지 일본 방어만을 목적으로 한 것으로 제3국 방어를 위한 것이 아니"라며 이에 따라 "집단적 자위권과는 무관하다"고 말했다. 일본 MD는 전수방위 원칙에 충실하겠다는 의미였다.

그러나 2006년 1기 아베 정권 등장 이후 일본은 MD 정책을 미국 방어용으로까지 확대키로 했다. 2006년 11월 27일자 주일 미국 대사관이 일본 동향을 분석한 보고서를 보자. "아베는 미국의 영토와 자산을 보호할 군사력을 사용하려고 할 때, 자위대 스스로 제약을 가하고 있는 현실(집단적 자위권 불허 의미)은 양자동맹을 강화하기 위해 조정되어야 한다고 주장했다. 아베는 주로 자위대가 미국으로 향하는 미사일을 요격하는 문제에 초점을 맞췄지만, 이 지역에서 활동하는 미군을 겨냥한 위협에 대처하기 위해 일본의 해공군력을 강화해야 할 필요성도 강조했다."[70]

여기서 주목되는 것은 아베가 집단적 자위권의 출발점은 MD이지만, 여기서 멈출 것이 아니라 일본의 해공군력도 강화해야 한다는 의사를 피력했다는 점이다. MD를 위해 집단적 자위권이 필요하다는 미국의 요구에 적극 호응하면서도 이를 군사력 강화의 발판으로 삼으려는 아베의 야심을 엿볼 수 있는 대목이다.

아베 1기 정권이 물러난 이후에도 이러한 논의는 계속되고 있었다. 2008년 1월 25일자 주일 미국 대사관의 외교 전문은 일본 방위성의 이시바 시게루 장관과 마수다 고헤이 차관이 미국 하원 군사위원회 소속 의원들과 나눈 면담 내용을 기록했다. 이 자리에서 이시바는 "일본은 곧 집단적 자위권 문제에 봉착하게 될 것"이라며 그 핵심적인 이유를 이렇게 설명했다. "만약 미국이 공격당할 위기에 처하고 일본이 그 공격을 막을 수 있는 기회가 있음에도 불구하고 일본이 아무런 역할을 못 하면 동맹은 깨지고 말 것이다." 이에 대해 앨런 타우셔 하원 군사위원회 위원장이 "미국 국민은 일본의 MD 체제가 한 쪽으로 치우치는 걸(one-sided) 원하지 않는다"고 말했다. 이는 일본 MD가 미국 방어에도 기여해야 한다는 의미였다. 그러자 이시바는 바로 그러한 이유 때문에 "(일본은) 집단적 자위권을 행사할 필요가 있다"고 화답했다.[71]

이러한 논의의 연장선상에서 미일동맹은 세 가지를 추진해왔다. 첫째는 이지스함에 장착되는 SM-3 미사일을 대륙간탄도미사일(ICBM) 요격까지 가능하도록 개량하는 것이다. 이를 위해 일본은 무기 수출 3원칙까지 개정하면서 미국과 공동개발에 나서고 있다.* 둘째는 일본 자위대가 집단적 자위권을 행사해 미국으로 향하는 탄도미사일을 요격할 수 있는 제도적 기반을 확보하는 것이다. 셋째는 한국을 미일동맹의 하위 파트너로 끌어들여 한미일 3자 MD를 구축하는 것이다.

정리하자면 미일 양국은 일본의 집단적 자위권이 보장되지 않고 있는 현실을 MD를 비롯한 미일동맹 강화의 가장 큰 걸림돌로 인식

● 　미·일이 공동 기술 개발하고 있는 구체적인 항목은 적외선 탐색기, KV 탄두(요격미사일의 탄두를 운동에너지로 직격하여 파괴), 2단계 로켓체(전체 3단계의 미사일 중 제2단계 로켓체), 노즈콘(대기중을 비행시 공력 가열로부터 적외선 탐색기를 보호) 등 네 가지다.

하고 있다. 이러한 시각은 2013년 8월 2일에 작성된 미국 의회조사국 (CRS)의 미일관계 보고서에 담긴 아래 내용에서도 잘 드러난다.

미국과 일본이 점차적으로 MD 협력을 통합하고 있는 반면에, 집단적 자위권이 금지되고 있는 현실은 일본 사령관들로 하여금 피격 당사자가 미군인지 일본인지를 판단하는 데 문제를 야기하고 있다. 현행 헌법 해석에 따르면, 미국이 공격받더라도 일본군은 대응할 수 없다.[72]

2013년 6월 24일자 CRS의 〈아시아-태평양 탄도미사일 방어체제 (BMD) 보고서〉도 주목할 필요가 있다. 보고서는 "통합된 MD 네트워크가 아시아-태평양 지역에서 더욱 제도화된 집단안보의 선구자가 될 수 있다"고 했는데, 이는 MD를 하면 한미일 3자동맹으로 원활하게 갈 수 있다는 의미이다. 또한 이 보고서에는 한미일 MD가 북한의 위협에 우선적으로 대처하기 위한 것이지만, "유사시 중국 등 다른 국가의 미사일 요격도 시도할 수 있다"고 나와 있다.[73] 미국이 북한을 구실로 삼으면서 실질적으로는 중국을 겨냥하고 있다는 사실을 감추지 않고 있는 셈이다.

이처럼 집단적 자위권과 MD의 관계를 추적해보면, 중요한 포인트를 발견하게 된다. 일본의 집단적 자위권에 대한 한국의 정서적 거부감과는 달리, 실질적으로는 한국이 미일동맹의 집단적 자위권 구조에

빨려들어가고 있다는 것이다. 한미일 MD 체제에 따라 한국이 일본으로 향하는 탄도미사일 정보를 미일동맹에 제공하거나 요격을 시도한다는 것 자체가 한국이 일본에 대해 집단적 자위권을 행사하는 것으로 해석할 수 있다. 필자가 "한미일 3자정보공유 및 MD는 삼각동맹에 대한 한국인의 경계심과 거부감을 무력화하는 트로이의 목마"라고 지적하는 것도 바로 이 때문이다. 그런데 이명박 정부에 이어 박근혜 정부 역시 이를 막을 의지나 능력이 없어 보인다. 오히려 한국 안보에 도움이 되는 '선물'이라는 시각이 강하다.

013 가랑비에서
소나기로

가랑비에서 소나기로 바뀌고 있다. 한국의 MD 참여, 혹은 편입을 두고 하는 말이다. 김대중-노무현 정부는 미국의 MD 참여 압력에 쉽게 굴복하지 않았다. 두 정권 10년간 부분적으로 MD 참여의 밑돌이 깔리긴 했지만, MD에 참여하라는 미국발 소나기에 힘겹게 우산을 쓰고 버티려 했다. 그래서 한국에 쏟아진 비는 많지 않았다. 그런데 이명박-박근혜 정부는 그 우산을 접어버렸다.

김대중-노무현 정부는?

미국이 한국에게 MD 참여를 요구한 시점은 1990년대 후반으로 거슬러 올라간다. 1998년 8월 말 북한은 3단계 장거리 로켓 '광명성 1호'(한미일은 이를 탄도미사일인 대포동 1호로 간주함)를 쏘아 올렸다. 그러자 미국의 클린턴 행정부는 일본과 오늘날 '지역 MD'를 의미하는 전역미사일방어체제(TMD) 공동 연구개발을 개시하는 한편, 한국에게도 미국 주도의 TMD 참여를 요청했다. 그러나 김대중 정부는 남북관계 및 주변국 관계, 경제적 부담, 비용 대비 효과 문제 등을 종합적으로 고려해 불참을 선택했다.

그로부터 현재까지 한국에서는 네 개의 정권이 들어섰다. 김대중-노무현-이명박-박근혜 정부인데, 이들 정부의 MD에 대한 입장은 두 가지로 압축된다. 하나는 미국의 MD에 참여하거나 편입될 의사가 없다는 것이고, 다른 하나는 독자적으로 한국형 미사일방어체제(KAMD)를 추진하겠다는 것이다.•

네 정부 모두 표면적으로는 입장이 거의 같다. 그러나 그 속을 들여다보면 적지 않은 차이와 모순점들이 발견된다. 김대중 정부는 미국 주도의 MD 참여에 대해 가장 명확하고도 단호하게 반대 입장을 밝혔다. 천용택 당시 국방부 장관은 1999년 3월 5일 외신기자들과의 간담회에서 "TMD 전력화는 북한 미사일에 대한 효과적인 대응수단이 아니며, 주변국의 우려를 불러일으킬 수 있다"고 말한 뒤, "한국은 TMD에 참여할 경제력과 기술 능력이 없다"고 밝혔다. 그해 5월 5일 김대중 대통령도 CNN과의 기자회견에서 "한국은 TMD에 참여할 계획이 없다"고 말했다.

그러나 이러한 단호한 입장은 미국의 상대가 클린턴에서 부시로 바뀌면서 흔들리기 시작했다. 김대중 정부의 두 번째 국방부 장관인

• 　한국 정부가 KAMD라는 표현을 공개적으로 사용한 것은 2002년부터이다. 당시 필자는 이지스함 도입이 미국 주도의 MD와 연계될 수 있다는 문제점을 지적했고, 이에 대해 국방부는 "이지스함 도입은 미국이 주도하는 MD와는 무관하다"며, "일종의 한국형 미사일방어(KAMD)라고 보면 될 것"이라고 해명했다.

조성태 장관은 부시 취임 한 달 뒤인 2001년 2월 20일 국회 국방위원회 답변에서 이렇게 말했다. "우리나라의 지역 특성을 고려해 현단계에서 TMD에 참여하는 것을 고려하지 않고 있다. 미래 전장 환경을 고려해 우리 실정에 맞는 미사일방어체제를 구축하는 것이 필요하다고보고 대안을 검토하고 있다." 여기서 '현단계'는 미래의 가능성을 열어둔 것이라는 해석이 가능했다. 또한 "우리 실정에 맞는 미사일방어체제"는 훗날 KAMD로 구체화되었는데, 김대중 정부가 독자적이든 미국과의 협력을 통해서든, MD 필요성을 언급한 것은 이때가 처음이었다.

그리고 김대중 정부는 2001년 상반기 'ABM 조약 파동'을 거친이후, MD에 대해 철저하게 침묵으로 일관하려고 했다. 참여를 선언할 수도, 그렇다고 이전처럼 비판적인 입장을 밝힐 수도 없던 상황에서 고육지책이었던 셈이다. 그러나 김대중 정부는 이지스함과 패트리엇 미사일 도입을 결정함으로써 그 의도 여부와 관계없이 MD 편입의하드웨어를 제공한 측면이 있다.* 또한 김대중 정부 때 연합합동미사일작전기구(CJTMOC: Combined and Joint Theater Missile Operations Cell)가 만들어졌는데, 이 기구는 한미연합사 차원에서 MD 작전을 수행하기 위해 고안된 것이었다.

김대중 정부 때 한미 간 MD 논의의 실체를 너무나도 잘 보여주

---

* 이와 관련해 미국 정부는 한국의 패트리엇 운용은 미국 시스템과의 상호운용성이 증진되는 방향으로 이뤄져야 하며, 이지스함 도입에 대해서도 "해상 MD 협력을 증대하게 되었다"며 환영 입장을 낸 바 있다.

는 문서가 있다. 정권 말기인 2002년 10월 8일 미국의 미사일방어국 (MDA) 후원하에 연세대 국제학대학원과 미국 외교정책분석연구소 (IFPA)가 공동 주최한 비공개 회의 결과를 담은 보고서가 바로 그것이다.[74]

이 자리에는 당시 직책으로 반기문 외교부 본부대사, 차영구 국방부 정책보좌관, 배형수 해군 조업단장 등 외교·국방 분야의 주요 인사들이 참석했다. 미국 쪽에서는 토머스 하버드 미국 대사, 리언 라포트 주한미군 사령관, 한반도 MD 작전을 수행하는 호워드 브롬버그 작전사령관, 레이시온과 록히드 마틴, TRW 등 MD 개발에 참여하고 있는 미 군수업체 고위 관계자 등이 대거 참여했다. 주제는 '한반도에서의 미사일 방어와 반확산 전략'이었다.

보고서에서 익명으로 처리된 한국 측의 한 참석자는 이지스함 및 패트리엇 도입 계획을 설명하면서 이렇게 말했다. "비록 공공연히 논의되고 있진 않지만, 이들 무기를 확보하는 것은 MD 구축을 위해 매우 중요한 일이다. 이들 무기 구입을 통해 갖춰진 능력은 한미연합방위체제 아래 배치될 것이기 때문에, 자동적으로 MD에 밀접히 통합될 것이다." 또 다른 한국 측 인사는 "비공식적이고 점진적인 방식으로 MD 능력을 갖추기 위해서는 무엇보다 새 정부에서 국방 예산을 얼마나 확보할 수 있느냐가 중요하다"며, "국방중기계획을 제대로 추진하기 위해서는 적어도 국방예산이 GDP 대비 3%는 되어야 한다"고 강조했다. 또 다른 인사는 "이런(MD) 계획이 추진될 경우 반미 열풍이 재연될 우려가 있다. 이를 피하려면, 한국의 MD 참여가 미국 쪽의 압력에 의한 것이라는 인상을 주어서는 안 된다"고도 했다.

이러한 한국 측 인사들의 발언들을 종합해 미국의 IFPA가 내린 평가도 주목할 필요가 있다. "(한국 쪽의) 설명을 놓고 볼 때, 드러나지 않게 점진적으로 국방중기계획에 따라 무기체계 구매가 이뤄지면, 공식적으로 드러내놓고 한미 양국이 함께 MD 체계 구축에 나서는 것보다 효과적일 것이다. 실질적으로는 똑같은 결과를 낳을 수 있기 때문에 오히려 이점이 많다. 북한과 긴장을 줄이고 남북화해협력에 나서는 것이 현재 한국 정부의 입장이고 보면, 이런 식으로 MD 구축을 진행하는 것이 쓸데없는 정치적 논쟁에 휘말려들지 않는 방법일 수 있을 것이다."

당시 회의 내용은 세 가지 점에서 중대한 의미를 지닌다. 첫째는 이지스함과 패트리엇 도입이 결국 MD를 염두에 둔 것이었다는 점이다. 둘째는 MD 능력 구비가 한국군의 현대화와 자주국방의 일환인 것처럼 포장하려고 했다는 것이다. 셋째는 남북관계와 국민 여론을 의식해 소리 소문 없이 조용히 MD에 참여하려고 했던 것이다. 이러한 점들이 레임덕에 시달리고 있던 김대중 정부의 공식 입장은 아니더라도, 적어도 한국 외교안보의 일부 인사들이 이러한 생각을 갖고 있었다는 점은 분명하다.

2002년 12월 19일에 치러진 대선은 한국 정치뿐만 아니라 한미관계에도 중대한 분수령이었다. 당시 부시 행정부는 한나라당의 이회

창 후보를 노골적으로 밀고 있었다. 한미동맹을 중시한 이회창 후보는 MD에도 호의적이었다. 그러나 기대와는 달리 민주당의 노무현 후보가 당선되면서 '제2의 김대중 정부가 들어서는 게 아니냐'는 우려가 워싱턴에서 일어났다. 노무현 정부는 그야말로 '안보 쓰나미'에 직면했다. 부시 행정부는 제네바합의를 파기했고, 이에 반발한 북한은 핵확산금지조약(NPT) 탈퇴 선언을 했다. 이로써 2차 한반도 핵위기가 도래하고 만다. 또한 부시 행정부는 이라크 침공을 밀어붙였다. 이는 한국에게 파병이라는 중대한 문제로 다가왔다. 아울러 미국은 한미동맹도 확 바꾸려고 했다.

그렇다고 MD 문제가 한미관계 목록에서 사라진 것은 아니었다. 노무현 정부는 가능한 MD라는 말 자체를 사용하지 않으려고 했다. 그러나 부시 행정부의 MD에 대한 집착은 대단했다. 부시 대통령은 2002년 12월 6일 하달한 '국가안보 대통령 행정명령-23(NSPD-23)'에 "MD 협력은 미국과의 긴밀하고 장기적인 동맹관계의 주안점이 될 것이다"라고 명시할 정도였다.[75] 이 지침은 노무현 대통령이 당선되기 13일 전에 나온 것이다. 이에 따라 노무현 정부로서는 '반미' 혐의에서 벗어나야 했던 정치적 필요와, MD 참여가 국익과 부합하지 않는다는 전략적 고려 사이의 긴장관계에 직면하게 됐다.

이러한 긴장관계는 2003년 5월 노무현-부시 정상회담 공동성명의 행간에 녹아들어갔다. "새로이 대두하고 있는 위협에 대한 대처능력을 제고함으로써 한미동맹을 현대화"하기로 한 것이다. 미국은 "새로운 위협"이란 바로 북한의 핵과 미사일을 가리키는 것이고 이러한 위협에 대처하기 위해 한미동맹 재편과 함께 MD가 필요하다고 주장했다. 그러나 MD라는 표현을 명시적으로 사용하지는 않았다. 노무현 정부가 이를 수용할 수 없었기 때문이다.

그런데 미국은 한미정상회담 직후 MD 시스템을 한국에 배치하기 시작했다. 오산공군기지와 군산공군기지 등에 MD 무기체계의 일환인 '패트리엇 PAC-3 및 합동전술 지상기지(Joint Tactical Ground Station)'라고 불리는 이동식 조기경보 레이더를 배치한 것이다. 또한 2004년 말에는 패트리엇 포대를 지휘·통제하는 상급부대인 35방공포여단을 미국 텍사스 포트 블리스에서 오산공군기지로 옮겼다. 잠재적으로 한미, 혹은 한미일 해상 MD에 이용될 수 있는 제주해군기지 건설도 참여정부 때 결정됐다.[76]

정리하자면, 김대중-노무현 정부 시기에 이뤄진 이러한 움직임들은 두 정부의 자발적인 참여라기보다는 미국이 동맹의 우월적인 지위를 이용한 측면이 컸다. 아울러 두 정부 모두 대북포용정책을 추구하면서도 안보에 나약하지 않다는 것을 보여주기 위해 대규모 전력 증강 사업에 적극적이었다. 이러한 전력 증강의 일부는 MD의 하드웨어를 제공하게 된다. 또한 외교부와 국방부 일각에서는 대통령의 입장과는 달리 MD 참여에 호의적인 사람들도 있었다.

이명박 정권의
MD 참여
—

이름을 반드시 MD라고 붙일 필요도 없고, 명시적으로 참여를 선언할 필요도 없다. '작은 MD'건, '포괄적 MD'건 간에 우회적인 방식으로 미사일 방어에 관한 기술을 습득하고 그 장점을 취하면 되는 것이다. 한국 역시 북한이나 주변국의 미사일 위협에 노출돼 있으므로 어떤 식으로든 대비책이 필요한 것 아닌가. 잠정적으로 미국의 MD 네트워크에 협조하면서 외형적으로는 '자체적인 대비책'이라는 명분을 세우면 주변국과의 마찰을 최소화할 수 있다고 본다. 시민단체 등의 반대도 마찬가지다.

《신동아》(2008년 3월호)가 보도한 당시 대통령직 인수위원회 핵심 관계자의 발언이다. 2007년 대선에서 이명박 후보가 대통령에 당선된 직후 핵심 참모들도 MD에 대해 호의적인 입장을 밝혔다. 이명박 정부 출범과 함께 청와대 대외전략비서관으로 발탁돼 외교안보 실세로 군림한 김태효는 "이명박 당선자가 외교 환경 및 국내 여론을 고려하면서 MD 참여를 전향적으로 검토할 것"이라고 말했다. 이명박 후보의 핵심 브레인이었던 김우상 연세대 교수도 "굳이 MD 체제 참여에 문을 닫아놓을 필요는 없다"고 했다.[77] 실제로 이들의 발언처럼 이명박 정부는 주변국과 국민의 반발을 고려해 은밀하면서도 깊숙이 MD에 발을 담그기 시작했다. 이명박 정부 5년 동안 MD 편입이 어떻게 이뤄져왔는지, 그 내용을 살펴보자.

2011년 2월 위키리크스가 공개한 2008년 11월 4일자 주한 미국 대사관의 비밀 외교 전문에는 주목할 만한 내용이 담겨 있다.[78] 2008년 9월 10일 서울에서 열린 안보정책구상(SPI) 회의에서 "그들(SPI 한국 측 파트너들)이 MD 프로그램 분석팀 창설에 동의했다"는 것이다. 당시 한국 측 대표는 전제국 국방부 정책실장이었고 미국 측 대표는 데이비드 세드니(David Sedney) 국방부 동아시아 담당 부차관보였다. 외교 전문에는 이렇게 기록되어 있다.

> 전제국 실장은 한국이 MD 프로그램 분석팀을 위한 정책 지침을 제공할 고위급 실무그룹을 창설하자는 미국 측 제안을 검토하고 있다고 말했다. 그러나 전 실장은 우선 프로그램 분석팀을 먼저 가동하고 만약 이 팀의 활동을 감독할 정책 수준의 필요성이 생기면, 한국 국방부는 고위급 실무그룹 창설에 대해 재평가할 것이라고 제안했다. (중략) 전 실장은 한국의 프로그램 분석팀은 연구기관, 한국국방연구원(KIDA), 국방부, 합참, 그리고 각군의 미사일 전문가들 1명씩 모두 7명으로 구성될 것이라고 말했다. 전 실장은 첫 단계는 팀 구성과 실무그룹을 위한 로드맵을 선택할 연락 채널을 구축하는 것이 되어야 한다고 제안했다. 세드니는 MDA가 첫 회의를 2008년 10월 하순 워싱턴에서 열자고 제안한다고 말했다.

이 외교 전문에 따르면, 이명박 정부는 집권 1년차부터 한미 간 MD 협력에 적극적이었다는 것을 알 수 있다. 그리고 2009년에는 더욱 주목할 만한 움직임이 은밀히 진행되고 있었다. 앞선 글에서 설명한 것처럼, 한미일 3자 MD를 위해 3자 간 정보공유 문제가 깊숙이 논의되기 시작한 것이다. 또한 한미 간의 MD 작전 범위를 한반도뿐만 아니라 일본 본토와 오키나와, 괌까지 확대할 필요성에도 공감대가 형성되기 시작했다. 이러한 분석은 《신동아》의 2011년 6월호 보도로도 거듭 확인된다. 이 매체는 "괌이나 오키나와의 미군기지에 미사일이 발사되는 경우에도 한국군이 이를 대신 요격해주는 콘셉트가 여러 차례 도출됐다"고 보도했다.

2010년 들어서는 한미 간 MD 협력이 제도화되는 단계에 접어들었다. 10월 22일, 당시 김태영 국방부 장관은 국방부 국정감사에서 "한미가 '확장억제정책위원회' 설치를 합의하면서 미국이 요구하는 MD 체제에 가입하는 것이 조건이었느냐?"는 질문을 받았다. 이에 대해 김태영 장관은 "MD 문제도 같이 검토한다"고 답했다. 이명박 정부가 MD 참여 수순을 밟고 있다는 의혹을 사기에 충분한 발언이었다.

미국의 확장억제는 핵우산, 재래식 전력, MD 등 세 가지로 이뤄져 있다. 그런데 이걸 확장억제정책위원회로 만든다는 것은 한미 간의 MD 결속을 그만큼 제도화하고 강화한다는 의미이다. 미국의 핵우산 정책에 한국이 개입할 수 있는 여지는 거의 없다. 재래식 전력 분야는 이미 오래전부터 이뤄져온 것이다. 이에 따라 확장억제정책위원회는 한미동맹 차원의 MD 강화를 위한 것이라고 할 수 있다. 이명박 정부 시기에 이러한 논의는 박근혜 정부 들어 '맞춤형 억제'로 더욱 구체화되게 된다.

김태영 장관의 발언으로 논란이 커지자 국방부는 해명 자료를 통해 "미국의 지역 MD에 우리가 참여하는 것을 의미하는 것은 아니며, 하층 방어 위주의 KAMD를 구축하되 주한미군과도 북한 탄도미사일 위협에 효과적으로 대응하기 위해 정보공유, 가용자산 운용 등에서 협력을 강화해나가겠다는 것을 의미한다"고 주장했다. 한마디로 미국과의 MD 협력은 강화하되, 그것이 미국 주도의 MD 참여나 편입은 아니라는 의미였다.

그런데 이보다 3개월 전에 또 하나의 주목할 만한 일이 벌어졌다. 양국 해군이 2010년 7월 초에 합동해상MD훈련을 실시한 것이다. 한국의 이지스함인 세종대왕함이 적의 탄도미사일을 추적해 그 위치정보를 미국 해군에 제공하고, 미국 이지스함이 SM-3 미사일을 발사해 명중시켰다는 것이다. 이 훈련을 주목해야 하는 이유는 두 가지이다. 하나는 한미 간 MD 협력이 국방부의 주장처럼 주한미군에 국한된 것이 아님을 보여준다는 것이다. 미국 이지스함은 주한미군이 아니라 태평양사령부가 운용하는 것이기 때문이다. 또 하나는 한미 간 MD 작전이 한반도 이외 지역을 상정하고 있다는 것이다. 이지스함에 기반을 둔 해상 MD는 일본 본토, 오키나와, 괌을 방어하기 위해 고안된 것이기 때문이다. 급기야 2012년부터는 한미일 3자가 '태평양의 용(Pacific Dragon)'이라는 이름을 달고 해상 MD 훈련을 실시해오고 있다.

2011년 들어서 한국의 미국 MD 편입 징후는 더욱 짙어졌다. 이는 미국 국방부 고위관료들이 미 상원 청문회에서 밝힌 내용이 국내에 알려진 것이 계기가 되었다. 브래들리 로버츠 국방부 핵·미사일 방어 정책담당 부차관보는 4월 13일 청문회에서 "우리는 한국과 양자 MD 협력 문제를 논의해왔고 최근에는 한국이 미래의 MD 프로그램의 유용성에 대해 결정을 내릴 수 있도록 한미 양국이 요구 분석을 수행할 수 있는 약정(Terms of Reference)과 협정에 서명했다"고 말했다. 같은 청문회에 출석한 패트릭 오라일리(Patrick O'Reilly) MDA 국장도 "MDA는 현재 20개 이상의 국가들과 MD 사업, 연구·분석을 진행하고 있다"며, 한국도 여기에 포함된다고 밝혔다.

이에 대해 이명박 정부는 펜타곤이 말한 약정은 미국의 MDA와 한국국방연구원(KIDA)의 공동연구를 위한 것으로서 2010년 9월에 체결된 것이라고 해명했다. 그러면서 "현재로선 국방부 산하기관 연구로 시작했지만 연구 결과가 나오면 국방 당국 차원의 협의를 진행하게 될 것"이라고 설명했다. 한미 간 약정이 체결된 후 7개월 동안 숨기다가, 미국 정부가 먼저 공개하자 이를 확인해준 셈이다. 그런데 2008년 9월에 구성키로 합의한 'MD 프로그램 분석팀'은 단순히 양국 연구기관뿐만 아니라 국방부와 각군 관계자까지 참여하는 것으로 되어 있고, 또한 창설 시점도 MDA-KIDA 약정 체결 시점보다 약 2년이 빠르다. 이에 따라 이명박 정부가 MD와 관련된 한미 간의 논의를 은폐·

축소하려 했다는 분석이 설득력을 얻는다.

이러한 한미, 혹은 한미일 간의 MD 대화는 '포괄적인 연합 방어'로 귀결되고 말았다. 2012년 6월 14일 발표된 한미 외교·국방장관(2+2 회담) 공동선언에는 "북한의 점증하는 미사일 능력에 대응하여, 양측 장관들은 미사일 위협에 대한 포괄적인 연합 방어태세(comprehensive and combined defenses)를 강화하는 방안을 모색하기로 하였다"는 내용이 담겼다. 여기서 "연합(combined)"이라는 표현은 사실상 주한미군과 한국군의 MD 능력을 '통합'하겠다는 의미를 내포하고 있다.● 또한 "포괄적(comprehensive)"이라는 표현은 일본을 포함한 '지역 MD' 구축 의도를 드러낸 것이라고 볼 수 있다.

결론적으로 이명박 정부 시기의 MD는 네 가지로 정리할 수 있다. 첫째, 2008년에 한미 양국 간에 공식적인 MD 협의 기구가 만들어졌고 2009년부터는 한미일 3자로 확대됐다. 둘째, 한미 간에 확장억제위원회를 만들면서 MD 협력을 핵심적인 사안으로 삼기로 했다. 셋째, 한미 간에는 물론이고 한미일 간에도 '태평양의 용'이라는 해상 MD 훈련이 시작됐다. 끝으로 한미 간의 MD 협력 범위를 한반도뿐만 아니라, 일본 본토와 오키나와, 그리고 괌까지 확대하기로 했다.

● 　이와 관련해 2008년 3월 초 미국 의회 청문회에 출석한 버웰 벨 주한미군 사령관은 "한국은 조속히 미국의 시스템과 완전히 통합될 수 있는 한국형 전역미사일방어(TMD) 시스템을 갖춰야 한다"고 강조했다. 한 달 뒤인 4월 3일 인준 청문회에 출석한 월터 샤프 주한미군 사령관 내정자 역시 "(한국은) 미국의 시스템과 통합 절차를 밟기 시작할 것이다"라고 말했다. 한국이 '한국형미사일방어체제'(KAMD)를 추진하더라도 미국 MD 시스템과 통합되어야 한다는 의미였다.

014 전시작전권 반환 연기와
MD 참여

이명박 정부로부터 MD 바통을 이어받은 박근혜 정부는 MD 참여를 향해 더 빨리 달리고 있다. 우선 이명박 정부가 국민과 국회 몰래 추진했다가 들통이 나 유보되었던 한일군사정보보호협정이 한미일 3자 양해각서 형태로 추진되고 있다. 이 과정에 두 가지 꼼수가 있다는 점은 앞선 글에서 지적한 바 있다. 또한 PAC-2로는 부족하다며 PAC-3 도입을 결정한 상황이고, 한국군 일각에서는 이보다 요격 고도가 높은 사드(THAAD)와 SM-3를 도입해야 한다는 주장도 나온다. 2013년과 2014년 한미정상회담에서 'MD의 상호운용성'을 높이기로 한 것도 주목된다. 정상회담에서 이러한 합의가 나온 것은 박근혜 정부 들어 처음이기 때문이다. 더구나 미국은 사드를 주한미군기지에 배치하는 것을 검토 중이고, 박근혜 정부는 호의적인 반응을 보이고 있다.

전시작전권과 MD의
잘못된 거래

그렇다면 이명박-박근혜 정부는 왜 MD 참여에 호의적인 입장인 걸까? 북한의 핵과 미사일 위협이 증대되고 있는 만큼, 방어의 필요성을 느낄 수는 있다. (비록 대북협상을 중단해 북한의 위협 증대를 자초한 측면이 강하고, 또 MD가 방어적 실효성이 별로 없어 착각일 수는 있지만) 또한 MD 참여가 한미동맹을 강화하는 효과도 있다고 여길 것이다. 보수 정권에게는 한미동맹이 국익을 위한 수단이 아니라 그 자체가 목적으로 간주되는 경향이 강하다.

그런데 또 한 가지 중요한 이유가 있다. 전시작전권이 바로 그것이다. 이명박-박근혜 정부가 전시작전통제권 환수를 계속 연기해달라고 미국에 요청하면서 그 대가로 MD에 더 깊숙이 편입되어왔다고 해도 과언이 아니기 때문이다.

흔히 2010년 3월 26일 천안함 침몰 이후 한미 간에 전작권 전환 연기 논의가 시작됐다고 알려져 있다. 그러나 이는 사실이 아니다. 주한 미국 대사관의 2010년 2월 22일자 외교 전문에 따르면, 김성환 청와대 외교안보수석은 커트 캠벨 국무부 동아태 담당 차관보를 만난 자리에서 "2012년 4월로 예정된 전작권 전환 문제를 미국 정부와 협의하기를 희망한다"고 했다. 천안함 침몰보다 한 달여 빠른 시점이었다. 이와 관련해 미국 대사관은 이렇게 논평했다. "강력한 친미 대통령인 이명박은 2007년 유세 때 전작권 전환 연기를 공약했고 만약 그가 이러한 약속을 이행하지 못하면 그의 핵심적 지지 세력과의 관계가 약화될 것이다." 주한 미국 대사관은 이명박 정부가 안보적 관점보다는 국내정치적 필요에 따라 전작권 전환 연기를 요구한 것으로 보고 있었던 것이다.

어쨌든 이명박 대통령의 전작권 환수 연기 요청은 미국에겐 한국의 MD 편입을 비롯한 여러 요구를 관철시킬 수 있는 효과적인 지렛대가 되었다. 실제로 2010년 6월 이명박-오바마 정상회담에서 전작권 전환을 2012년 4월에서 2015년 12월로 연기하기로 합의한 이후 한미 간의 MD 협력은 가속도가 붙었다. 한미 간의 해상MD훈련 착수, 확장억제위원회 신설 및 MD 협력 가속화, 한미일 차원으로의 확대 등 MD와 관련된 핵심 문제들이 전작권 연기 합의 직후에 쏟아진 것이다.

박근혜 정부 들어서도 이러한 추세는 계속되고 있다. 2013년 5월 박근혜-오바마 정상회담 공동성명에는 "북한의 미사일 위협에 대한 공동의 대응 노력과 함께, 정보·감시·정찰체계 연동을 포함한 포괄적이고 상호운용 가능한 연합방위력을 지속 강화해나갈 것"이라는 내용이 담겼다. 이때는 박근혜 정부가 전시작전권 환수 연기를 미국에 타진한 시점이었다.

5개월 후 열린 한미연례안보회의(SCM) 공동성명에도 "미사일 위협에 대한 탐지·방어·교란 및 파괴의 포괄적인 동맹의 미사일 대응전략을 지속 발전시켜나가기로" 하고, 양국 간의 "지휘·통제체계의 상호운용성을 증진하기로" 했다. 또한 한국의 요구를 받아들여 "조건에 기초한 전작권 전환"이라는 내용도 담겼다. 이것이 의미하는 바는 미국이 한국의 전작권 재연기 요청을 한국의 MD 참여와 연계하고 있다는 것이었다. SCM 회의 참석차 방한한 척 헤이글 국방장관이 "전작권 전환은 아직 최종 결론을 내릴 수 있는 상황은 아니"라며 "MD는 분명히 아주 큰 부분"이라고 말한 것은 이러한 분석을 뒷받침해준다.

2014년 4월에 열린 한미정상회담에서는 이러한 주고받기가 더욱 안 좋은 방향으로 합의되었다. 오바마 행정부는 "전시작전통제권 전환의 시기와 조건을 재검토"하겠다는 선물(?)을 주고는 박근혜 정부로부터 "MD의 상호운용성 증대" 및 "한미일 3국 간 정보공유"를 선물로 받았다. 이건 전년도 SCM 합의를 정상 수준에서 재확인하면서도 "한미일 3국 간 정보공유"라는 혹까지 붙인 격이었다. 그리고 5월 30일 싱가포르 샹그릴라 대화 기간 중에 열린 한미 국방장관 회담에서는 10월에 열리는 SCM 회의에서 전작권 재연기에 대한 최종 합의를 시도키로 했다. 그리고 다음 날 열린 한미일 국방장관 회담에서는 3자 간 군사정보협정을 추진키로 했다.

이러한 과정을 거쳐 2014년 10월에 열린 SCM 회의에서는 사실상 마침표를 찍었다. 전작권 전환을 사실상 무기한 연기하는 대신에 MD를 더욱 가속화하기로 한 것이다. 양국 국방장관이 "북한 미사일 위협을 억제 및 대응하는 동맹의 능력을 강화시켜나가자는 약속을 재확인"한 것은 한미 간에 MD 능력을 강화하고 상호운용성을 강화하겠다는 의미이다. 또한 "북한의 핵·미사일 위협에 대한 한미일 정보공유의 중요성을 재확인"한 것은 한미일이 모두 갖고 있는 이지스함과, 일본 두 곳에 배치된 X-밴드 레이더, 잠재적으로는 사드의 한국 배치까지 포괄하는 한미일 MD의 기반을 닦자는 의미를 담고 있다.

이처럼 이명박-박근혜 정부 들어 MD 편입이 가속화되고 있는 데는 전작권을 가져올 수 없다는 비정상적인 집착이 똬리를 틀고 있다. 그런데 한국전쟁 초기에 미국에 넘겨준 전작권은 대한민국의 정상화를 위해 진작 가져왔어야 할 핵심적인 군사주권이다. 세계 10위권의 하드파워를 자랑한다는 한국이 스스로 작전권을 행사할 소프트웨어가 없다는 것은 국가의 기본 책무를 저버리는 것이다. 전작권을 가져온다고 해서 한미동맹이 깨지는 것도 아니다. 미국도 "한미동맹의 건강한 발전을 위해" 가져가라는 입장이었다. 2006년 9월 버웰 벨 당시 주한미군 사령관은 도널드 럼스펠드 국방장관에게 보낸 서한을 통해 "한국군의 능력과 준비 상태를 볼 때, 지금 당장 전작권을 이양해도 아무런 문제가 없다"고 밝히기도 했다. 그럼에도 불구하고 이명박-박근혜 정부는 전작권 환수를 한사코 거부해왔다.

이렇듯 이명박-박근혜 정부가 전작권 환수 연기를 우선순위에 두다 보니 북핵 문제에도 부정적인 영향을 주고 있다. 전작권 환수 연기 및 MD 확대를 위한 최적의 환경은 북한의 위협이 증대될 때 조성된다. 이는 대화를 통해 북한의 위협을 관리하고 북핵 문제를 해결하려는 정치적 의지의 부재와 동전의 양면 같은 관계에 놓여 있다. 실제로 이명박 정부는 물론이고 박근혜 정부 역시 6자회담, 북미대화, 남북미중 4자대화에 대단히 부정적인 태도를 보이고 있다.

더욱 심각한 문제는 북핵 때문에 전작권 환수가 시기상조라면, 핵 문제 해결도, 전작권 환수도 영원히 불가능해지고 한국은 MD의 늪에 더더욱 깊숙이 빨려들어갈 것이라는 데 있다. 한미, 혹은 한미일이 대북 대화는 기피하면서 북한의 위협을 근거로 MD에 매달릴수록 북한도 핵과 미사일 전력 증강에 나설 것이 확실하다. 그렇게 되면 한국의 보수 진영은 또다시 전작권 환수가 곤란하다고 할 것이고, 미국은 이를 지렛대로 삼아 한국에게 MD 참여를 더욱 높은 수준에서 요구할 것이다. 이렇듯 전작권 연기-MD-북핵의 악순환이야말로 오늘날 한국 외교의 가장 참담한 현실이라고 할 수 있다.

국방부의
지록위마
—

보수 정권 들어 한국의 MD 참여가 가속화되고 있음에도 불구하고, 국방부는 이를 거듭 부인해왔다. 이와 관련해 네 가지 문제를 따져 볼 필요가 있다. 첫째, 한국 영토에 미국 MD 시스템이 배치되면, 그건 MD 참여인가, 아닌가? 둘째, 한국이 누군가의 탄도미사일 발사를 탐지·추적해 그 정보를 미국과 일본에 전달하는 건 MD와 무관한 것인가? 셋째, 한국형 MD라는 KAMD와 미국 MD의 상호운용성이 강화되고 있는 것도 MD 참여와는 무관한 것일까? 넷째, 한국이 미국 및 일본과 함께 MD 대화를 하고 정보도 공유하고 훈련도 함께 하는 것도 MD와는 상관없는 것인가?

앞선 글에서 자세히 밝힌 것처럼, 한국에는 미국 MD 시스템의 일부가 배치되어 있다. 한미일 3자정보공유 약정도 체결했다. KAMD와 미국 MD의 상호운용성을 증대키로 한미정상회담 및 국방장관 회담에서 합의도 했다. 한미일 세 나라 간에는 3자안보토의(DTT)를 비롯해 협의도 하고 '태평양의 용'이라는 훈련도 하고 있다. 이 정도면 한국은 대표적인 MD 참여 국가라고 해도 과언이 아니다. 미국도 한국을 대표적인 MD 협력국가로 분류하고 있다.

그런데 한국 정부는 한사코 아니라고 한다. 한국이 미일동맹의 MD에 편입되고 있는 것이 분명해지고 있는데, 요상한 논리를 앞세워 MD 참여 의혹을 방어하려 한다. 미국 주도의 MD 편입을 KAMD라고 부르면서 말이다. 아마도 국내의 비판 여론과 중국의 반발을 의식한 탓일 것이다. 그런데 이건 한마디로 사슴을 가리켜 말이라고 부르는 것, 즉 지록위마(指鹿爲馬)이다. 국방부의 설명이 얼마나 말이 안 되는지 하나하나 따져보자.

먼저 국방부는 MD와 한미일 정보공유 약정 사이의 연관성에 대해 "둘 사이에는 아무 관련이 없다"고 잘라 말한다. 그러나 미국과 일본 정부의 공식 입장은 확연히 다르다. 펜타곤은 2014년 12월 28일 발표문을 통해 3자 비밀 정보공유 약정으로 "북한의 미래 도발과 유사시에 더욱 효과적인 대응이 가능해질 것"이라고 밝혔다. 일본 방위성의 입장은 더욱 구체적이다. "북한의 핵과 미사일 위협에 어떻게 대처하느냐는 우리의 시급한 안보적 도전"이라며 "일본은 북한의 미사일 발사시 한국이 적시에 정보를 제공해주길 원한다"고 밝혔다.[79]

이처럼 미국과 일본은 MD를 같이하자며 정보를 공유하자는 것인데, 한국은 아니라고 한다. 국방부 설명이 맞다면 미국과 일본이 5년째 한국을 꼬드기면서 정보공유를 갈망할 이유가 없게 된다. 무엇보다도 3자 군사약정의 핵심 목표는 북한의 탄도미사일 발사를 탐지하고 추적하는 정보를 서로 나누자는 것이다. MD의 성패가 상대방의 미사일 발사를 얼마나 정확하고 빠르게 탐지·추적하느냐에 달려 있는데, 이게 MD가 아니라면 도대체 뭔가?

한국 국방부의 설명은 이렇게 이어진다. "북한이나 또 다른 나라에서 미국 쪽으로 탄도미사일을 발사하면 대한민국 상공을 지나가는 것이 아니라 북쪽, 그러니까 사할린 위쪽, 북극에 가까운 쪽으로 넘어간다. 그것을 우리 대한민국 인근에서 요격할 수 있는 무기체계는 전 세계에 없다. (따라서) 우리가 미국의 MD에 편입한다는 말 자체가 성립되지 않는다."[80]

이 발언을 이렇게 재구성해보자. '북한이나 또 다른 나라에서 일본 본토, 오키나와, 괌, 하와이 등으로 탄도미사일을 발사하면 북극 인근을 지나가는 것이 아니라 대한민국의 영토 위나 그 인근을 지나간다. 그것을 우리 대한민국 인근에서 요격할 수 있는 무기체계는 현재 한국에는 없지만 미국과 일본은 갖고 있다. 한국은 요격은 못하더라도 미사일 정보는 미국과 일본에게 제공할 수 있다. 따라서 이게 바로 MD 편입이다.'

국방부가 논리는 이런 것이다. 우선 미국 주도의 MD를 미국 본토 방어용과 동일시한다. 그러고는 한국에는 미국 본토로 향하는 대륙간탄도미사일(ICBM)을 요격할 미사일도 없고, 또 ICBM의 비행 궤적도 한국을 지나지 않는다. 그래서 한국이 미국 MD에 참여한다는 것은 말이 안 된다는 것이다. 그런데 현재 지구상에는 미국 영토를 제외하고는 미국 본토를 방어할 수 있는 요격미사일이 배치된 나라가 없다. 조지 W. 부시 행정부가 한때 폴란드에 지상배치요격미사일(GBI) 배치를 추진했지만, 오바마 행정부 출범 이후 없던 일이 되었다. 이에 따라 한국 국방부의 기준에 따르면, 미국 MD에 참여하고 있는 나라는 하나도 없는 셈이 된다.

미국은 MD를 방어 대상에 따라 두 가지로 나누고 있다. 하나는 미국 본토 방어용인 GMD이고, 또 하나는 해외 주둔 미군 및 동맹국 방어용인 '지역 MD'이다.[81] 미국이 한국에게 요구하고 있는 것은 바로 '지역 MD' 참여이고, 실제로 이런 방향으로 가고 있다. 펜타곤은 '지역 MD'를 참여 기준으로 제시하는데, 한국 국방부는 '미국 본토용 MD'를 들먹이면서 참여가 아니라고 강변하는 어이없는 풍경이 벌어지고 있는 것이다.

또한 미국이 '동아시아 MD'와 관련해 현재 한국에게 바라는 것은 정보 제공이다. 미국과 일본 입장에서는 한국이 이지스함에 장착하는 SM-3 미사일이나 지상에 배치되는 사드를 도입해 일본이나 괌으로 향하는 탄도미사일을 요격까지 해주면 '매우 감사한 일'이 된다. 당분간 이게 힘들다면 미사일 발사정보라도 공유해주면 그것으로도 만족한다. 미국의 캐슬린 힉스 국방부 정책담당 수석부차관이 2012년 9월에 이런 말을 했다. "한국이 MD에 기여할 수 있는 방안에는 여러 가지가 있다. 꼭 능동적 방어나 요격미사일을 이용한 적극적인 참여를 할 필요는 없다. 레이더망을 통해 기여할 수도 있다."

현재 한국 이지스함에는 SM-3는 없어도 탄도미사일을 탐지·추적할 수 있는 SPY-1 레이더가 탑재되어 있다. 그리고 한국은 MD의 명시적인 상대인 북한, 잠재적인 대상인 중국과 가장 근접한 미국의 동맹국이다. 이에 따라 한국이 이지스함 레이더로 적의 미사일을 탐지·추적해 미군이나 일본 자위대에 전달해주면 MD 효율성을 배가할 수 있다. 미일동맹은 바로 이걸 노리는 것이고, 한미일 정보공유 약정의 본질도 바로 여기에 있다.

이어도와
샹그릴라

이어도는 '환상의 섬'으로 불린다. 수중 $4.6m$ 아래 잠겨 있어 큰 파도가 치지 않는 한, 눈으로 직접 보기 힘들다. 그래서 어부들이 죽으면 가는 '유토피아'로 일컬어진다. 나도 이 섬을 스치듯 지나간 적이 있다. 2005년 11월, 광복 60주년 기념행사의 일환으로 부산에서 상하이를 방문한 '평화의 배'를 타고 지나갔다. 동행한 해양 전문가는 암초 위에 우뚝 선 해양과학기지를 가리키면서 "저것 덕분에 우리의 해양 영토가 크게 넓어졌다"고 말했다. 그러나 나의 뇌리에는 '저것 때문에 곤란한 상황이 발생할 것 같다'는 불안한 생각이 스쳐 지나갔다. '저 수중 암초를 지키겠다고 제주도에 해군기지를 기어코 만들면 한중관계가 순탄치 않을 것'이라고 판단했기 때문이다.

중국에도 '유토피아'로 불리는 곳이 있다. 티베트 자치주에 있는 '샹그릴라'가 바로 그곳이다. 샹그릴라는 티베트어로 '마음속의 해와 달'을 뜻한다고 한다. 영국 작가 제임스 힐튼의 소설 《잃어버린 지평선(Lost Horizon)》에 나오면서 국제적으로 유명세를 타기도 했다. 이지명을 본떠 싱가포르에서는 매년 영국의 국제전략문제연구소(IISS) 주관으로 아시아안보회의(일명 샹그릴라 대화)가 열린다. 아시아 국가들과, 미국 등 일부 서방 국가들의 국방 수뇌부 및 민간 전문가들이 참석하는 이 회의는 트랙 1.5 회의를 통해 군사적 신뢰구축을 도모한다는 취지를 갖고 있다. 그러나 이 대화는 이미 오래전에 본연의 취지에서 이탈했다. 미국과 그 친구들을 한편으로 하고, 중국을 다른 한편으로 하는 거친 말싸움이 그 자리를 대신하고 있는 것이다.

공교롭게도 '유토피아'를 품은 이어도와 샹그릴라는 제주해군기지와 조우하면서 악몽을 잉태하고 있다. 정부와 군 당국은 제주 강정마을에 해군기지 건설을 강행하면서 이 기지를 모항으로 사용할 함대의 이름을 '이어도·독도 함대'라고 붙였다. 한국인의 영토민족주의를 자극하면서 해군기지 건설을 정당화하기 위한 것이다. 샹그릴라 대화에서는 최근 한미일 3자 국방장관 회담이 연례행사처럼 열려왔다. 한국인의 반일 감정을 고려할 때, 한일 국방장관이 따로 만나기에는 부담스러운 만큼 샹그릴라 대화를 이용하고 있는 셈이다. 2014년 5월 말에는 다섯 번째로 만났다. 그리고 한미일 군사정보공유 방침을 밝혔다. 3자 간 MD 협력을 본격화하기로 한 것이다.

둘 사이의 연결고리는 이렇게 만들어진다. '이어도 사수'를 내세운 제주해군기지는 미국이 원하면 미 해군의 기항지로 사용할 수 있다. 미국은 세 나라가 보유한 이지스함을 기반으로 해상 MD 체제를 만들기를 원한다. 일본은 이에 적극 동의한 상황이고, 한국도 이명박 정부 이후 동조하는 분위기이다. 이에 따라 제주해군기지가 만들어지면, 한미일 3자 해상 MD 체제의 일환으로 이용될 공산이 크다. 그리고 샹그릴라 대화는 이를 위한 장관급 논의 틀로 이용되고 있다.

제주해군기지가 한미, 혹은 한미일 MD용 기지로 이용될 가능성을 제기하면 군 당국은 물론이고 많은 군사전문가들도 손사래를 친다.[•] 우선 해군은 "제주기지에 정박할 이지스 구축함은 요격 능력이 없어 MD 편입이 불가능하다"고 주장한다. 한국이 현재 보유한 이지스함에는 SM-3 미사일이 아닌 SM-2 계열의 미사일이 장착되어 있기 때문에,[••] 2015년 1월 현재까지 한국 해군이 독자적인 탄도미사일 요격 능력이 없다는 것은 맞는 말이다.[•••]

그러나 한국이 SM-3를 도입하지 않더라도 이것이 곧 해상 MD로의 편입과 무관하다는 것을 의미하지는 않는다. 앞서 설명한 것처럼, 미일동맹은 한국이 적의 탄도미사일 발사를 탐지·추적한 정보를 제공하는 것 자체로도 MD에 크게 기여하는 것으로 간주하기 때문이다. 더구나 한미 양국은 오키나와와 괌까지 MD 작전 범위를 넓히기로 했고, 한미일 3자 MD도 추진 중이다.

그런데 지도를 펼쳐보면 알 수 있듯이 제주도 인근 해역은 오키나

[•] 제주해군기지와 MD를 비롯한 한미동맹 및 한미일 3자 군사협력 사이의 관계에 대해서는 정욱식, 《강정마을 해군기지의 가짜안보》(서해문집, 2012년) 참조. 이하의 글은 이 책에 기반을 둔 것임을 밝혀둔다.

[••] 참고로 SM-2는 근접 폭발 방식을 채택한 미사일로 주로 항공기나 속도가 느린 순항미사일 요격용이고, '맞혀서 요격하기(hit-to-kill)' 방식을 채택한 SM-3는 초고속으로 비행하는 탄도미사일 요격용으로 개발된 것이다.

[•••] 한국이 SM-3를 도입을 시도할 가능성도 배제할 수 없다. 이와 관련해 《로이터 통신》은 이지스 전투체계 생산 회사인 록히드 마틴의 핵심 관계자가 "3척의 이지스함을 보유한 한국도 MD 구성을 위해 필요한 (일본과) 유사한 업그레이드 문제를 미국 해군과 협의해왔다고 '매우 확신(pretty sure)'한다"고 말했다고 보도했다. 여기서 유사한 업그레이드란 한국 해군이 SM-3 미사일을 도입해 이지스함에 장착하는 것을 의미한다. (Reuters, August 15, 2012.)

MD본색: 은밀하게 위험하게

와와 괌으로 날아가는 미사일을 요격 시도할 수 있는 최적의 전략적 요충지이다. 또한 이지스탄도미사일 방어체제(ABMD)는 이동식 해상 시스템이라는 점에서 대만해협 위기 발생시 대만 방어를 위해 투입될 가능성도 있다. 미국이 노무현 정부 때 전략적 유연성을 추진한 핵심 목적에 양안사태 개입이 있었다는 점이나, 일본이 필요할 경우 자국의 이지스함을 서해 남방에 배치할 수 있다는 입장을 피력한 것은 이러한 우려가 결코 근거 없는 것이 아님을 보여준다.

이러한 흐름은 제주해군기지를 더더욱 미국 해군 및 MD와 연관시켜 생각할 수밖에 없게 만든다. 한국 해군이 독자적으로 이지스함에 SM-3를 도입·장착해 오키나와나 괌으로 향하는 미사일을 요격한다는 시나리오는 제쳐둔다 하더라도, 미국 해군이 제주해군기지를 ABMD의 중간기지로 활용하고, 한국 해군이 미국과 일본의 MD 작전에 정보 제공 등의 공동보조를 맞춰나갈 가능성은 얼마든지 있다.

2010년 이후 제주 남방 해역에서 한미, 혹은 한미일 합동해상군사 훈련이 빈번하게 실시되고 있는 것 역시 주목된다. 2010년 7월 한미 양국은 이지스함을 동원해 합동해상MD훈련을 처음으로 실시했다. 그 이후 2012년부터는 두 가지 훈련이 실시되고 있다. 하나는 한미일 세 나라의 함정과 항공기가 참여하는 수색·구조 훈련(Search and Rescue Exercise: SAREX)이고, 또 하나는 '태평양의 용' 3자 해상MD 훈련이다. 지금까지 미국 해군은 부산항을 주로 기항지로 사용해왔다. 그러나 2016년 제주기지가 완공되면 강정마을로 기수를 돌릴 가능성이 얼마든지 있다.

제주 남방 해역은 민감한 곳이다. 한국의 핵심적인 해상교통로가 이 지역을 지난다. 한국과 중국 간에는 배타적경제수역(EEZ) 획정을 둘러싼 갈등도 있다. 또한 2013년 11월 중국의 방공식별구역(ADIZ) 선포와, 뒤이은 한국의 구역 확대가 맞물리면서 한중일 세 나라의 방공식별구역이 중첩되는 지역이기도 하다. 미국의 전략폭격기는 잊을 만하면 이 지역을 가로질러 한국에 와서 모조 폭탄을 떨어뜨리고 괌으로 되돌아가고는 한다. 아울러 이 지역은 중국 심장부로 가는 관문(choke point)이자 중일 간에 영토분쟁이 벌어지고 있는 동중국해와 가까운 곳이다. 이러한 곳에 해군기지가 건설되면 우리에게 전략적 '자산'이 아니라 '부담'이 될 가능성이 높다.

잠시 눈을 감고 제주와 한국의 앞날을 생각해본다. 기어코 강정마을에 기지가 들어선다면, 그건 문제의 끝이 아니라 더 큰 시작이 될 것이라는 우려를 떨칠 수가 없다. 미군 함정이 강정마을 앞바다에 출현한다면, 아마도 현지 주민들과 활동가들은 저지 활동에 나설 것이다. 그러면 정부는 공권력을 투입해 진압하려고 할 것이다. 평화로웠던 땅 강정은 영원히 평화를 잃게 되고, 그 대가로부터 대한민국도 자유롭지 못하게 될 것이다. 이건 먼 미래에 있을 기우가 아니라 곧 다가올 현실이다.[82]

015 도자기 가게에서
쿵푸를?

조정래의 장편소설 《정글만리》를 보면 중국 사람들이 한국 사람들을 못마땅하게 생각하는 이유가 나온다. 한국이 경제적 이득은 중국에서 취하면서 안보와 방위는 중국을 견제하려는 미국 편에 서 있기 때문이라는 것이다. 이를 두고 한 중국인 사업가는 한국인 사업가에게 "한국은 도자기 가게에서 쿵푸를 한다"고 표현한다. 도자기 가게에서 쿵푸를 하면 도자기가 박살 날 수도 있다는 것이다. 그러나 이건 소설 속의 얘기만은 아니다. 중국이 MD를 비롯한 한미 전략동맹 및 한미일 삼각동맹 추진 움직임에 강한 경고를 발신하고 있는 건 '논픽션'이다.

중국에게 MD는
인화물질?
—

한미일 3자 MD 움직임이 급물살을 타고 있던 2014년 5월 28일 한 기자는 미국이 한국에 MD를 배치할 계획이라는 보도에 대한 중국

정부의 입장을 물었다. 그러자 중국 대변인은 "불확실성, 복잡성, 민감성이 한반도 정세에서 발견되고 있다"며 이렇게 말을 이어간다.

"MD에 대한 중국의 입장은 일관되고도 분명합니다. 우리는 아시아 지역 MD 배치가 지역 안정 및 전략적 균형을 저해한다고 여깁니다. 우리는 미국이 이 지역 관련 당사국들의 합당한 우려에 대해 심사숙고하기를 바랍니다."[83]

그의 발언에서 주목을 끈 건 "우리는 긴장이 폭발해 우리의 문앞에서 전쟁과 대혼란으로 이어지는 것을 결코 용납할 수 없다"고 한 대목이다. 미국이 한국에 MD를 추가로 배치하면 북한의 반발과 맞물려 한반도 전쟁 위기가 고조될 수 있다는 인식을 내비친 것이다.

다음 날 관영 신화통신의 논평은 중국의 불편한 심기를 더욱 노골적으로 드러냈다. "한국 측이 미국의 추가적인 MD 배치를 받아들일 경우 중국과의 관계를 희생시키게 될 것"이라고 경고한 것이다. "한국이 이 지역 가장 큰 경제대국의 반대를 무시하고 MD 네트워크에 유혹돼 넘어간다면, 가장 빠르게 발전하는 중국과의 관계를 희생시키게 될 것"이라는 지적이다. 신화통신 논평은 이렇게 이어진다. "(사드에 포함된) X-밴드 레이더는 북한뿐만 아니라 중국과 러시아 같은 인접국까지 커버"할 수 있고, "미국이 주도하는 MD는 아시아 태평양 지역의 안정과 번영에 해"가 될 수 있으며, "군비경쟁은 한반도 문제의 평화적 해결을 추진하는 환경을 훼손할 수 있다." 그러면서 "한국 정부가 미국의 요구에 화답해 MD 마차에 올라타기로 결정한다면 이는 한국과 지역 전체에 불행한 소식이 될 것"이라고 거듭 경고했다.

이처럼 중국은 미국의 한국 내 MD 배치를 동북아의 화약고인 한반도에 위험한 인화물질을 갖다놓는 것으로 여긴다. 이러한 인식의 저변에는 MD가 한미 간의 전략동맹 구축 및 한국의 미일동맹 편입을 야기하는 핵심적 사안이라는 생각이 깔려 있다. 이러한 우려가 '한국이 도자기 가게 안에서 쿵푸를 하려고 한다'는 불만으로 표출되고 있는 것이다.

MD를 비롯해 한미동맹에 대한 중국의 불편한 심기가 수면 위로 부상하기 시작한 시점은 참여정부 때였다. 중국을 "전략적 경쟁자"로 간주한 조지 W. 부시 행정부는 "대등한 경쟁자의 부상을 좌절시키겠다"는 것을 국가전략의 핵심으로 삼았다. 중국은 두 자리 수의 경제성장률과 군사비 증액률을 앞세워 미국을 빠른 속도로 추격하기 시작했다. 이처럼 미중 패권경쟁의 서막이 오르기 시작한 시점에 노무현 정부가 출범했다. 출범과 동시에 참여정부는 세 가지 중대한 안보 현안에 직면했다. 핵문제를 둘러싼 북미 간의 정면대결, 미국의 이라크 침공 및 한국의 파병 문제, 그리고 한미동맹의 재편이 바로 그것들이다.[84]

노무현 정부에게 전쟁을 막고 북핵 문제를 평화적으로 해결하는 것은 사활이 걸린 문제였다. 이라크 파병은 미국의 현실적인 힘과 국내의 반전(反戰) 여론 사이에서 휘발성이 큰 사안이었다. 그리고 미국이 한미동맹을 바꾸려는 핵심 목적이 중국 견제와 봉쇄에 있었던 만큼, 이 문제는 한국의 생존과 번영에 중차대한 함의를 지닌 전략적 문제였다. 더구나 이들 세 가지는 고도로 연계되어 있었다. 한반도 정세의 악화는 미국에겐 이라크 파병 및 한미동맹 재조정과 관련해 자신의 뜻을 관철시킬 수 있는 유력한 지렛대였기 때문이다.

미중 대결 구도에서 자칫 샌드위치 신세로 전락할 위기에 놓인 노무현 정부는 '균형적 실용외교'를 표방했다. 부시 행정부가 한반도 이외의 지역에서 분쟁 발생시 주한미군을 신속하게 차출해 투입하려고 추진한 전략적 유연성 문제는 논란의 핵심이었다. 미국은 중국을 염두에 두고 전략적 유연성을 추구했고, 중국은 이러한 움직임에 쌍심지를 켜고 있었기 때문이다. 이와 관련해 통일외교안보 전략에서 노무현 대통령과 '한몸'으로 평가받던 이종석 전 통일부 장관은 자신의 저서 《칼날 위의 평화》에서 이렇게 주장한다.

> 많은 이들이 전략적 유연성 때문에 우리의 주권이 위험하게 되었으며 중국이 이를 문제 삼을 것이라고 주장했다. 그러나 그렇지 않았다. 미국은 전략적 유연성 논의 이전에 이미 오래전부터 한국을 동북아 분쟁의 발진기지로 삼을 계획을 갖고 있었으며, 전략적 유연성 합의를 통해 이를 공식적으로 정하고자 했다. 그러나 전략적 유연성 논의는 오히려 한국 정부의 우려를 공론화하는 계기를 만들어주었으며, 한반도를 발진기지로 상정한 미국의 기존 계획도 변경시키는 뜻하지 않은 소득도 거두었다. (중략) 나는 (2006년 2월 전략적 유연성에 대한 한미 간의) 합의가 이뤄진

뒤 닝푸쿠이 주한 중국 대사를 만나 전략적 유연성 합의의 내용과 배경을 설명해주었다. 나의 설명을 들은 닝푸쿠이 대사는 설명해주어 감사하며 한국 정부의 입장을 충분히 이해한다고 말했다. 내가 NSC에 재직하는 3년 동안(2003년 3월~2006년 1월) 전략적 유연성 협상과 관련해서 중국 정부가 한국 정부에 항의하거나 문제를 제기했다는 얘기를 듣지 못했다.[85]

이종석 전 장관의 설명은 일각에서 우려한 것처럼 전략적 유연성 합의는 중국을 비롯한 동북아 분쟁시 주한미군 투입과는 무관하며 이에 따라 중국도 이렇다 할 문제제기를 안 했다는 것으로 요약된다. 그러나 달리 볼 여지도 있다. 중국은 2004년 11월 29일 라오스에서 열린 한중일 정상회담에서 예정에 없던 한중정상회담을 제안했다. 당시 청와대 행정관이었던 김종대에 따르면, 이 자리에서 원자바오 총리가 노무현 대통령에게 이렇게 말했다고 한다.

최근 한국의 서해상에 미군 패트리엇 요격미사일이 배치되고 있는데, 이것은 중국을 겨냥한 것입니다. 한국이 중국의 적국이 아닌데 이와 같은 시도에 대해 중국은 그 의도를 의심하지 않을 수 없습니다. 또한 주한미군이 양안 문제에 개입하는 군으로 전환되는데, 이렇게 되면 중국과 한국 관계도 문제가 됩니다.[86]

미국은 2003년부터 수원-오산·평택-군산 등 한국의 서남부에 패트리엇 최신형인 PAC-3를 집중적으로 배치했다. 한강 이북의 용산기지와 2사단을 평택권으로 옮기는 주한미군 재배치도 가속페달을 밟고 있었다. 오산공군기지 및 평택기지와 군산공군기지는 중국 심장부에서 가장 가까운 미군기지이다. 아울러 주한미군의 전략적 유연성도 추진하고 있었다. 이러한 일련의 조치가 중국의 눈에는 주한미군과 한미동맹이 중국을 겨냥하는 것으로 바뀌고 있다고 비춰진 것이다.

공개적으로도 문제제기성 발언이 나왔다. 2006년 3월 하순 닝푸쿠이 주한 중국 대사는 "미군이 한반도에 주둔하는 것은 한국의 안보를 보장하기 위함이다. 계속 쌍무적인 틀 안에서 행동하면 우리는 이해할 수 있지만, 만약 제3국을 대상으로 하여 행동하게 되면 우리는 관심을 돌리지 않을 수 없다"고 했다. 이 발언은 한미 간에 주한미군의 전략적 유연성에 대한 합의를 이룬 지 한 달 뒤에 나온 것이다. 전략적 유연성이 중국을 겨냥하고 있다는 우려를 갖고 있었기에 나온 발언이었다고 할 수 있다.

이에 앞서 2006년 1월 9일자 주한 미국 대사관의 비밀 외교 전문도 주목할 필요가 있다. 이 외교 전문은 미국 대사관 측 인사가 이종석 장관의 측근인 박선원 청와대 통일외교안보전략비서관을 만나고 작성한 것으로, 통일부 장관으로 취임한 이종석에 대한 평가가 담겨 있다. 이 자리에서 "박선원은 이종석이 '미국은 한국이 영원히 함께가야 할 유일한 파트너'이자 한미관계는 중국의 부상에 대응할 중대한 대비책(critical hedge)으로 인식하고 있다고 말했다"고 한다.[87] 이는 한 미동맹이 중국의 부상에도 대비해야 한다는 취지의 발언으로 해석될 수 있고, 참여정부가 표방한 균형외교나 주한미군의 전략적 유연성이 중국과는 무관하다는 해명과는 다소 거리가 있는 것이었다.

여기서 잠깐 전략적 유연성 문제를 살펴보자. 이 개념은 쉽게 말해 주한미군을 한반도 붙박이형에서 신속기동군 체제로 바꿔 한반도 이외의 분쟁 지역에 신속하게 투입하겠다는 것이다. 2006년 2월 한미 간의 합의와 관련해서는 두 가지 상반된 해석이 존재한다. 하나는 한국이 미국의 전략적 유연성을 존중하지만, 동북아 분쟁 개입은 불허키로 했다는 것이다. 반면 한국이 전략적 유연성을 전면적으로 인정한 것이라는 주장도 제기됐다. 진실은 이 사이에 있다고 보는 것이 정확할 것이다. 그리고 미국이 중국과의 분쟁시 한국을 발진기지로 삼을 것인지의 여부는 미래의 가정이라는 점에서 현시점에서 단정하기 힘든 문제이기도 하다.

기실 노무현 정부 때 한미동맹의 핵심 이슈들, 즉 주한미군 재배치, 전략적 유연성, 전시작전권 환수, MD는 서로 밀접하게 연관된 것이었다. 이 점을 이해하는 것은 현재와 미래에 있어서도 대단히 중요한 함의를 지닌다. 물론 대북정책과 이라크 파병 등도 핵심 현안이었다. 그러나 앞서 언급한 네 가지 이슈들은 한미동맹의 '구조조정'에 해당된다는 점에서 각별한 의미를 부여해도 지나치지 않다.

미국이 주한미군 군사력을 평택항과 오산공군기지가 있는 평택에 집중시키는 재배치를 완료하면, 그만큼 전략적 유연성도 증진하게 된다. 이러한 재배치와 전략적 유연성의 배경에는 주한미군의 임무를 한반도에 국한시키지 않겠다는 전제가 깔려 있다. 이에 따라 한국이 전시작전권을 환수해 한국 방어에서 주도적인 역할을 맡는 게 미국의 전략적 목표와도 부합한다. 또한 미국 공군력이 집중되는 오산과 군산기지를 방어하기 위해 미국은 MD를 배치하려고 한다. 이를 예의주시했던 중국은 비공개/공개적으로 노무현 정부에게 불만을 토로했다. 그리고 이러한 불만은 이명박 대통령이 베이징을 방문했을 때 폭발하고 만다.

중국이 MD에
쌍심지를 켜는 이유
——

이명박 대통령의 방중 기간이었던 2008년 5월 하순 친강 중국 외교부 대변인은 "한미 군사동맹은 지나간 역사의 유물"이라며 직격탄을 날렸다. "시대가 많이 변하고 동북아 각국의 상황도 크게 변한 만큼 낡은 사고로 세계 또는 각 지역이 당면한 문제를 다루고 처리하려 해서는 안 된다"는 것이다. 중국 외교부 대변인이 한국 대통령이 베이징에 있는 시각에, 그것도 한국 정부가 성역처럼 여기는 한미동맹을 냉전시대의 유물이라고 했으니 당연히 외교적 결례 논란이 벌어졌다. 그러자 친강은 다음 날 "어제 발언은 중국 정부의 공식 입장"이라고 거듭 확인해줬다.

중국의 외교적 도발(?)에는 그만한 이유가 있었다. 한 달 전 이명박-부시가 한미전략동맹을 천명한 것이다. 부시는 이명박 대통령과 함께 나선 기자회견에서 "앞으로 중국과의 관계가 건설적이 될 수도 있고, 파괴적이 될 수도 있다"며 "중국 문제가 한미 양국이 건설적인 방식으로 협력할 수 있는 기회라는 것을 인식하는 것이 21세기 동맹 관계에서 대단히 중요하다"고 강조했다. 이는 부시 행정부가 21세기 한미관계를 '전략동맹'으로 격상하는 것을 추진한 핵심적인 이유가 중국에 있다는 것을 의미했다.

그런데 이러한 '중국 견제론'이 미국 측에서만 나온 것은 아니었다. 일례로 미국의 전직 고위관료들과 한반도 전문가들로 구성된 '새로운 시작 모임(New Beginning Group)'은 2008년 2월 중순 한국을 방문해, 이명박 대통령 당선자를 비롯한 외교안보 참모들을 면담하고 한미동맹 보고서를 작성했다. 이 보고서에서는 한국의 외교안보 참모들이 "중국에 대한 우려를 여러 차례 피력하면서 한미동맹의 강화와 주한미군의 주둔을 통해 중국을 견제할 필요를 제기했다"고 전했다.[88] 한미 전략동맹의 이면에는 중국에 대한 강한 견제심리가 미국뿐만 아니라 한국 내에도 존재했다는 것을 알 수 있는 대목이다.

이후에도 중국 정부와 언론은 한미동맹과 대북정책뿐만 아니라, 한일 군사협력 움직임에 대해서도 이명박 정부를 비난했다. 중국 관영 〈인민일보〉 자매지인 〈환구시보〉 영문판은 2010년 8월 24일 '일-한 동맹을 조심하라'라는 제하의 사설을 통해, "일한 양국이 중국과 북한을 상대로 손을 잡으려고 하는 움직임은 동북아에 매우 위험한 장애를 조성하게 될 것"이라고 주장했다. 그러면서 "이웃과 친구가 되기 위해 또 다른 적을 만들지 말라"는 속담을 인용했다. 한일 국방장관 회담이 열린 다음 날인 2011년 1월 11일에 신화통신은 일본이 한반도 위기상황을 자위대의 역할 확대를 포함한 군사적 역량 강화에 이용하고 있다며 경계심을 나타냈다.

MD에 대한 중국의 기본적인 입장은 2부에서 이미 살펴본 바 있다. 한국이 미국 주도의 MD에 편입될 가능성에 촉각을 곤두세우고 있는 것도 이 연장선상에서 파악할 수 있다. 중국의 저명한 국제정치학자인 베이징대 주펑 교수는 "중국은 전략적 안정을 대단히 중요시한다. 만약 한국이 미·일 주도의 MD에 가입하면 중국 인민해방군을 완전히 벼랑 끝으로 몰아갈 것이므로 중국은 분명히 한국에 대한 전략을 바꿀 것이다. MD는 한중 우호의 마지노선이다."[89] 라고 경고한다. 중국사회과학원의 왕쥔성(王俊生) 연구위원의 설명은 더욱 구체적이다. 그는 "중국이 한미일 공동의 MD를 반대"하는 이유로 크게 두 가지를 든다. 첫째, "만약 한미일 3국이 MD를 추진한다면 북한으로서는 더욱더 핵무기를 포기할 수 없게 된다." 둘째, "중국은 MD가 북한만을 대상으로 한 것이 아님을 알고 있다. 사실상 미국이 중국을 억제하는 수단으로 생각한다." 그러면서 "한국이 MD에 참여한다면 한중관계에 큰 영향을 미칠 것"이라며 "한국은 한중관계에 큰 이익 관계가 형성된 것을 고려하여 미중 사이에서 균형을 취해야 한다"고 조언한다.[90]

이뿐만이 아니다. 중국 내에서는 미국이 MD 명분을 잃지 않기 위해 북한과의 협상을 꺼린다는 시각이 대단히 강하다. 조선족 출신의 학자이자 한반도 문제 전문가인 진징이 베이징대 교수가 "한반도 평화체제가 이뤄지면 미국의 MD 체제 구축도 명분을 찾기가 쉽지 않을 것"이라고 말한 것에서 이러한 시각을 읽을 수 있다.[91] 사드 배치를 비롯한 MD와 한중관계에 대한 중국 정부의 공식 입장은 2015년 3월 17일 중국 외교부 대변인 답변에서 명확히 드러난다. 홍레이 대변인은 사드 배치는 한미 간의 문제이기 때문에 중국이 간섭할 문제가 아니지 않느냐는 질문에 대해 이렇게 답했다.

"중국은 MD 문제에 대해 일관되고도 명확한 입장을 유지하고 있습니다. 한 나라가 자신의 안보 이익을 추구할 때, 그 나라는 지역의 평화와 안정뿐만 아니라 타국의 안보 우려도 고려해야 합니다. 우리는 특정 국가가 관련된 사안을 다룰 때 신중해지길 희망합니다."

016 MD는 목표물을
제대로 맞힐 수 있나?

'총알로 총알 맞히기'. 초고속으로 날아오는 탄도미사일을 미사일이나 레이저로 요격한다는 MD를 일컫는 표현이다. 한쪽에선 조롱의 의미로 쓰지만, 다른 한쪽에서는 찬사의 의미로 쓴다. 그렇다면 MD는 적국의 탄도미사일로부터 한국의 안보를 지켜주는 든든한 방패가 될 수 있을까? 실전과 실험에서의 성적표와 기술적인 한계 및 한반도 지형상의 문제를 종합적으로 따져보면 믿을 만한 방패라고 보기 어렵다는 것을 알 수 있다.

패트리엇
에피소드
———

실전에서 MD가 첫선을 보인 전쟁은 1991년 걸프전이었다. 당시 CNN을 통해 비춰진 패트리엇 미사일의 성능은 환상 그 자체였다. 이라크의 스커드 미사일이 날아오는 족족 공중에서 요격에 성공한 것처럼 비춰졌기 때문이다. 당시 CNN 화면에 아직도 도취된 탓인지 국내 언론은 패트리엇을 설명하면서 "스커드 잡는 미사일" "요격률 70%" 등의 표현을 습관적으로 사용한다. 국방부의 보도자료를 충실히 베껴 쓴 덕분이다.

그리고 패트리엇 환상에 빠진 한국 정부는 이 시스템을 차곡차곡 도입하고 있다. 노무현과 이명박 정부 때는 PAC-2를 도입했고, 박근혜 정부는 PAC-3를 미국 정부로부터 대외군사판매(FMS) 방식으로 도입 키로 했다. 약 1조4000억 원을 투입, 2016년에 도입을 시작해 2020년에 완료한다는 계획이다. 이는 '구형 PAC-2 도입 → 신형 PAC-2 도입 → PAC-3 도입'으로 이어지는 MD의 자기증식성을 잘 보여준다.● 국방부는 PAC-2의 성능 개량과 PAC-3 도입으로 "북한의 스커드 미사일을 충분히 잡을 수 있다"고 자신한다. 과연 그럴까?

1차 걸프전 당시 패트리엇은 이스라엘의 참전을 억제하는 무기였다. 이라크의 사담 후세인은 미국이 이라크를 공격하면 스커드 미사일로 이스라엘을 날려버리겠다고 호언장담했다. 그러자 이스라엘도 걸프전에 참여하려고 했다. 그런데 이스라엘의 참전은 곧 다른 아랍 국가들을 자극해 중동 전체로 전선이 확대되는 위험천만한 일이었다. 이를 우려한 미국은 '패트리엇으로 이라크의 스커드를 막아줄 테니 안심하라'고 이스라엘을 만류했다. 그러고는 이스라엘에 2개 대대의

● 　참고로 PAC-2와 PAC-3의 결정적 차이는 요격 방식에 있다. PAC-2는 목표물 근접에서 폭발해 자탄으로 요격을 시도하는 반면, PAC-3는 직격탄(hit-to-kill) 방식이다.

패트리엇을 긴급 배치했다.

CNN 화면에 비춰진 패트리엇의 환상적인 요격 쇼를 보면서, 조지 H. W. 부시 대통령은 "패트리엇의 요격률이 97%에 달한다"고 자랑했다. 패트리엇 운용을 담당하는 미 육군은 걸프전이 끝난 직후 47기의 스커드 미사일 가운데 45기를 요격해 95%의 성공률을 보였다고 구체적인 수치까지 제시했다. 그러나 이듬해 사우디에서는 79%, 이스라엘에서는 40% 요격률을 보였다며 그 수치를 대폭 낮췄다.

그런데 희한한 일이 벌어졌다. 정작 이스라엘이, 이라크가 발사한 스커드 대부분이 자신들의 영토에 떨어졌다고 밝힌 것이다. 1993년, 이스라엘의 국방장관이었던 모세 아렌스(Moshe Arens)는 이스라엘로 향한 30발의 스커드 가운데 "패트리엇은 단 한 발도 맞히지 못했거나 기껏해야 한 발을 맞혔다"고 말했다. 그는 "왜 미국과 이스라엘의 패트리엇 평가가 다르냐"는 질문에 "누군가 이 상품을 판매하길 원한다는 점은 이해할 수 있다"고 답했다. 미국 정부와 군수업체가 패트리엇 판매를 위해 성능을 과대포장하고 있다고 일침을 놓은 것이다. 또한 이스라엘의 댄 숌론(Dan Shomron) 합참의장은 패트리엇의 성공적인 요격은 "미신(myth)"이라고 했고, 패트리엇 운용에 참여한 이스라엘 기술팀의 하임 아사(Haim Asa)는 "농담(joke)"이라고 힐난했다.[92]

이처럼 요격률이 심하게 널뛰기를 하자 미국 의회와 회계감시국 (GAO)은 자체 조사에 착수했다. GAO는 요격률이 9%에 불과하다고 했고 의회 조사팀은 아무리 높게 잡아도 10%를 넘지 않는다고 발표했다. 특히 의회 청문회에 나선 테어도르 포스톨 MIT 공대 교수는 "만약 우리가 스커드 방어를 시도하지 않았더라도 피해의 규모는 실제로 발생한 것에 비해 조금도 더 나쁘지 않았을 것"이라고 말해 청문회를 발칵 뒤집어놓기도 했다. 한마디로 패트리엇 요격률은 제로였으며 이에 따라 무용지물에 가까웠다는 것이다.[93] 의회 조사 결과에 대해 "적을 이롭게 하는 행위"라며 강력하게 반발했던 미국 펜타곤은 2001년이 되어서야 "패트리엇이 걸프전에서 성능을 발휘하지 못했다"고 실토하기도 했다.

그렇다면 패트리엇의 요격 성공에 대한 주장이 0%에서 97%까지 천양지차를 보이는 이유는 무엇일까? 이는 패트리엇을 비롯한 MD의 본질을 이해하는 데 필수적인 질문이다. 당시 미국 국민뿐만 아니라 전 세계 사람들이 패트리엇이 환상적인 요격률을 보인 것으로 착각했다. 핵심적인 이유는 패트리엇 미사일이 스커드 근처에서 터지면 섬광을 일으켜 마치 요격에 성공한 것으로 비춰졌기 때문이다. 그러나 대다수의 스커드 미사일 탄두는 섬광을 뚫고 지상에 떨어졌다.

이와 관련해 걸프전 종결 5개월 후에 작성된 미 국방부 보고서의 결론을 주목할 필요가 있다. 보고서에서는 패트리엇이 "스커드를 높은 비율로 요격했다"고 주장하면서도 스커드의 탄두를 파괴하는 데는 실패해 "항상 피해를 예방한 것은 아니었다"고 실토했다. 실제로 사우디의 리야드 상공에서는 패트리엇이 스커드를 요격하는 데는 성공했지만, 스커드의 커다란 파편이 한 건물에 떨어져 1명이 사망하고 여러 명이 부상을 입기도 했다.

1991년 1월 이스라엘의 텔아비브에서는 미사일 파편이 떨어져 1명이 사망, 44명이 부상했고, 수백 채의 아파트가 파손한 일이 있었다. 미 육군은 스커드에 의한 피해라고 발표했고 사람들도 당연히 그렇게 믿었다. 그러나 당시 장면을 촬영한 ABC 방송을 분석한 결과 이러한 피해는 공중에서 폭발한 패트리엇 미사일의 파편에 의해 발생한 것으로 밝혀졌다.

이처럼 1차 걸프전 당시 패트리엇의 초라한 성적표가 공개되자, 미국 국방부는 이 시스템의 성능 개량에 박차를 가했다. 요격 방식을, 근접 폭발 방식에서 직격탄 방식으로 바꾼 것이다. 그리고 미국은 2003년 3월 이라크 침공을 위해 PAC-2와 PAC-3로 이뤄진 패트리엇 부대를 이라크 인근에 배치했다. 그런데 2차 걸프전 때는 요격을 시도할 이라크의 탄도미사일 자체가 없었다. 스커드 미사일이 1차 걸프전 이후 유엔무기사찰단의 감시하에 전량 폐기됐기 때문이다. 그래도 미국 국방부는 PAC-2와 PAC-3로 구성된 패트리엇 미사일이 이라크 미사일 9기를 요격시켰다고 발표했다. 그러나 이는 스커드가 아니라 알-사무드와 아바빌-100 등 스커드보다 느리고 사거리가 짧으며 탄두와 로켓이 분리되지 않아 요격하기가 훨씬 쉬운 지대지 미사일들인 것으로 밝혀졌다.

오히려 패트리엇은 '아군 전투기 잡는 미사일'이라는 오명에 시달려야 했다. 패트리엇은 미군과 영국군 항공기 1대씩을 격추시켰고, 1

대는 격추 직전까지 갔다. 1대가 격추를 피할 수 있었던 것도 패트리엇이 오류를 수정했기 때문이 아니라, 이 시스템을 만든 레이시온의 기술자가 황급히 "발사하지 말라"며 작전병을 말렸기 때문이다. 당시 미국 언론들은 "레이더가 잘못된 목표물을 지정해 패트리엇 작전병을 혼란스럽게 만든 것이 사고의 원인일 가능성이 높다"고 보도했다. 즉, 레이더가 자국군 항공기를 적의 미사일로 오인한 것이 사고의 주요원인이라는 것이다.

이뿐만이 아니다. 미영 연합군의 이라크 침공 5일 후인 3월 25일에는 미국의 F-16 전투기가 패트리엇 부대를 공격하는 사태까지 벌어졌다. 당시 F-16 조종사는 자신의 전투기가 적의 방공망 레이더에 포착되었다는 신호를 받고 자위 차원에서 미사일을 발사했다고 밝혔다. 그런데 나중에 알고 보니 F-16을 겨냥한 부대는 이라크의 방공 부대가 아니라 미국의 패트리엇 부대였다는 것이다.

이와 관련해 미국 육군 보고서조차도 "전장에 배치된 패트리엇은 표적 식별에 실패하기도 하고, 적이 미사일을 발사하지도 않았는데 미사일을 식별해 스크린에 보여주기도 한다"며 치명적인 결함을 인정했다. MD 주무부서인 미사일방어국(MDA)의 카디쉬 소장은 2005년 4월 9일 미 의회 청문회에서 "나는 패트리엇 시스템 자체와 시스템 적용 두 가지 모두에 결함이 있다고 믿는다"고 고백하기도 했다. 또한 국방부 차관을 지낸 필립 코엘을 비롯한 미국의 전현직 국방 관계자들은 패트리엇이 있지도 않은 미사일을 겨냥하거나, 아군 전투기를 조준하는 일이 다반사라고 지적한다.

패트리엇은 완전 자동화된 시스템이다. 레이더가 물체를 추적하면 컴퓨터가 물체를 식별해 기호로 스크린에 표시한다. 작전병은 불과 몇 초 만에 요격 여부를 결정해야 하는데, 이 과정에서 시스템의 오작동이나 작전병의 오인 가능성은 얼마든지 존재한다. 이와 같은 패트리엇 레이더의 오작동과 작전병의 오인은 항공기와 미사일이 집중된 전장에서 나타나기 쉽다. 패트리엇이 실전에서 유일하게 사용된 1·2차 걸프전은 이 시스템이 결코 믿을 만한 방패가 아니라는 점을 여실히 보여준 것이다.

그렇다고 패트리엇의 모의고사 성적이 좋은 것도 아니다. 미국의 방위정보센터(CDI)가 펜타곤의 PAC-2 시험 결과 평가보고서를 분석한 것에 따르면, 2000년부터 2005년까지 시험에서 PAC-2의 항공기 요격률은 4/6였고, 미사일 요격율은 1/3로 나타났다. 또한 요격률을 높이고 위해 직격탄 방식을 채택한 PAC-3는 모두 13차례의 탄도미사일 요격 실험에서 6차례만 성공했다.[94]

축구의 페널티킥에 비유해보면 이러한 패트리엇의 한계를 이해하는 데 도움이 된다. 요격 시험은 공 차는 방향을 알려주고 페널티킥을 하는 것에 비유할 수 있다. 그런데 방어율이 위에서 소개한 정도라면, 공이 어느 방향으로 날아올 지 알 수 없는 실전에서의 방어율은 훨씬 떨어질 수밖에 없다. 또한 공이 빠를수록 골키퍼가 막더라도 골망을 흔드는 것을 자주 볼 수 있다. 마찬가지로 패트리엇이 초속 5km 안팎으로 떨어지는 탄도미사일의 탄두를 맞히더라도 탄두 파괴에는 실패하는 경우가 다반사이다. 이는 패트리엇뿐만 아니라 다른 MD 시스템도 마찬가지이다.

이러한 패트리엇의 일반적인 한계를 종합해볼 때, 이 시스템은 결코 북한의 탄도미사일 위협에 대처할 수 있는 효과적인 방패라고 보기 어렵다. 더구나 한반도의 군사지리적 특성은 패트리엇의 한계가 더욱 두드러지게 나타날 것임을 말해준다. 우선 한반도의 종심은 대단히 짧아 북한의 미사일이 남한에 도달하는 데 불과 3~4분밖에 걸리지 않는다. 반면 패트리엇은 요격 고도가 10~30km이다. 탄도미사일의 낙하 속도를 초속 5km라고 할 때, 요격 시간이 불과 5초 안팎에 불과하다는 것을 알 수 있다. 또한 산악 지형이 많아 북한의 탄도미사일 발사를 조기에 탐지하는 것도 쉽지 않다.

걸프전 때처럼 패트리엇이 유사시 우리 측의 피해를 야기할 가능성도 배제할 수 없다. 한미동맹과 북한은 휴전선을 맞대고 세계에서 가장 높은 수준의 군사력을 밀집시켜놓고 있다. 이는 패트리엇의 오작동이나 작전병의 오인 가능성이 걸프 지역보다 훨씬 높다는 것을 의미한다. 또한 수도권은 세계에서 인구밀도와 도시화 수준이 가장 높은 지역 가운데 하나이다. 이에 따라 유사시 패트리엇과 요격당한 탄도미사일 파편에 의한 피해가 발생할 가능성이 상당히 높다.

패트리엇은 또한 요격 범위가 2~4km 정도로 대단히 좁은 '지점 방어(point defense)' 시스템이다. 이는 청와대를 방어하기 위해서는 청와대 경내나 바로 인근에 패트리엇을 배치해야 한다는 것을 의미한다. 이에 따라 패트리엇으로 서울을 포함한 수도권 전체를 방어한다는 것은 어불성설에 가깝다. 1개 패트리엇 발사대에 장착되는 PAC-2는 4기, PAC-3는 16기인데, 수도권 전체를 방어하기 위해서는 수천기의 패트리엇 미사일이 필요하기 때문이다. 이러한 수도권 전역에 방어 시스템을 구축하기 위해서는 국방예산 전체를 투입해도 모자란다.

사드와 SM-3가
대안?

한국의 군 당국은 패트리엇을 도입할 때는 마치 이 시스템이 북한 미사일을 잡는 '신의 방패'인 것처럼 주장했다. 이랬던 군 당국 일각에서 2013년 10월부터는 "저층 방어로는 부족하다"며 사드나 SM-3 도입 필요성을 제기하고 있다. "지금까지 미사일 방어는 패트리엇-3 미사일을 위주로 한 고도 30km 이하 저층 방어였으나 최근 국방부 기조가 바뀌었다"며 "국방부는 상층 방어가 필요하며 관련 무기가 필요하다는 결론을 내렸다"는 것이다. 이를 위해 공군은 요격 고도가 대기권 안팎에까지 다다르는 사드를, 해군은 이보다 높은 SM-3를 미국으로부터 구매하는 방안을 타진하고 있다는 〈중앙일보〉의 보도가 나왔다.[95]

같은 날 〈중앙선데이〉의 보도는 더욱 구체적이었다. 이 매체는 군

내부자료를 인용해, 공군이 선호하는 사드는 "1개 포대에 약 2조 원이 드는데 우리에겐 4개 포대 8조 원 정도가 필요하다. 전력화엔 5년 정도 걸린다"고 보도했다. 또한 SM-3는 "보유 중인 이지스함 세 척에 MD 시스템을 추가하는 성능 개량 뒤 구입하면 된다"며, 이지스함 성능 개량에 8000억 원, 기당 150억 원인 SM-3를 세 척의 이지스함에 20기씩 모두 60기를 탑재하면 총비용은 2조 원 정도라고 해군 관계자의 말을 인용 보도했다.[96]

이와 관련해 최윤희 합참의장은 2013년 10월 11일 인사청문회에서 SM-3나 사드 도입이 현단계의 KAMD 개념에는 포함되지 않았지만, 장기적으로는 검토할 필요가 있다는 의견을 내놨다. 그는 하층방어로는 북한 미사일 방어에 "다소 미흡하고 한계가 있다"며, 장기적으로는 "중간 단계 능력을 확보"할 필요가 있다고 말했다.

군 연구기관과 전직 장성도 비슷한 목소리를 내고 있다. 한국국방연구원(KIDA)의 김병용 연구원은 "저층방어만으로는 탄도미사일 방어에 한계가 있다"며, "방어 영역 확대와 다층방어 능력 구비를 위해서" "SM-3급이나 사드급 무기체계 개발 또는 도입도 고려해야 한다"고 주장한다.[97] 윤연 전 해군작전사령관 역시 "PAC-3는 미사일 고도 15km, 거리 30km 이내에서만 요격이 가능하므로 광범위한 지역방어는 불가능하고 대응시간도 5초 이내로 극히 짧다"며 "SM-3를 세종대왕함에 조속히 탑재해야 한다"고 주장한다.[98] 그러나 이 역시 현실적인 대안이라고 보기 어렵다.

우선 한국형 이지스함에 장착이 고려되고 있는 SM-3는 한국 방어에 적합하지 않다. SM-3의 요격 고도는 대기권 밖인 150㎞에서 500㎞ 사이이기 때문에, 저고도로 날아오는 탄도미사일을 잡는 것 자체가 거의 불가능하다. 물론 시도는 해볼 수 있을 것이다. 그런데 수도권에 떨어지는 북한의 탄도미사일을 요격하기 위해서는 이지스함을 동해나 서해에 배치해야 하는데, 이럴 경우 측면에서 요격을 해야 하기 때문에 성공률은 더욱 떨어질 수밖에 없다. SM-3의 최대 사거리가 500㎞ 정도라는 점에서 남해에서의 요격 시도는 애초부터 성립할 수 없다.

이러한 이유 때문에 미국 국방부가 1999년 작성한 〈동아시아 MD 구축 계획서〉에도 "한국의 경우 해상 MD 체제로 해안 시설을 보호하는 데는 기여할 수 있으나, 내륙의 시설이나 인구 밀집 지역을 방어하는 데는 도달하지 못한다"고 나와 있다. 또한 2013년 6월 미 의회조사국(CRS) 보고서 역시 "한국은 북한의 미사일이 저고도로 비행하고 몇 분 만에 떨어질 수 있을 만큼 북한과 가까이 있기 때문에, (SM-3에 기반을 둔 한미일 3자 MD의) 이점이 크지는 않다"고 지적한다.[99]

더구나 미국 내 일각에서는 SM-3의 성능이 과장되었다는 주장까지 제기되고 있다. 오바마 행정부는 SM-3 미사일의 요격율이 84%에 달한다며, SM-3를 지역 MD 체제의 핵심으로 삼겠다는 방침을 분명히 해왔다. 그러나 MIT 대학의 테오도어 포스톨 교수와 코넬대의 조지 루이스 박사는 자체적인 분석 결과 실제 요격률이 10~20%에 불과한 것으로 밝혀졌다고 주장했다. 이들은 접근하는 미사일이 SM-3와 충돌해 비행경로가 바뀐 것은 사실이지만 탄두가 파괴되지는 않았다고 주장했다. 10차례의 실험 가운데 SM-3의 요격체(kill vehicle)가 탄두를 맞힌 것은 한두 차례에 불과하고, 나머지는 탄두보다 훨씬 커서 맞히기 쉬운 로켓 몸통과 충돌했다는 것이다. 이들은 이러한 분석 결과를 바탕으로 "탄두가 파괴되지 않으면 목표물을 향해 계속 날아가게 될 것"이라며 SM-3의 성능에 근본적인 의문을 나타냈다.[100]

그렇다면 2014년 '뜨거운 감자'였던 사드는 어떨까? 북한의 미사일을 잡을 수 있는 효과적인 방어체계일까? 우선 사드를 어디에 배치하느냐가 중요하다. 평택미군기지에 배치할 경우, 캠프 험프리 및 이와 약 20km 떨어진 오산공군기지가 우선적인 방어 대상이 될 것이다. 평택기지로부터 약 70km 떨어진 계룡대도 방어 대상으로 고려해볼 수 있다. 그러나 이는 북한의 탄도미사일이 40~150km 사이로 날아온다는 것을 가정했을 때 성립할 수 있는 얘기이다. 특히 평택에서 50km 정도 떨어진 수도권을 방어하는 데는 역부족으로 보인다. 사드 요격미사일의 최대 사거리는 200km이지만, 요격고도는 최소 40km이다. 그런데 수도권으로 떨어지는 북한의 탄도미사일은 포물선을 그리면서 하강 단계에 있기 때문에 40km 이상의 고도로 비행할 것이라고 가정하는 것 자체가 비현실적이다.

더욱 중요한 문제는 북한은 사드를 회피할 다양한 수단을 갖고 있다는 점이다. 이와 관련해 주목을 끄는 것은 네 가지이다. 300mm 신형 방사포, 신형 지대지 미사일, 잠수함발사 탄도미사일(SLBM) 개발 움직임, 이동식 발사대 증가 등이 바로 그것들이다. 신형 방사포와 지대지 미사일은 계룡대까지 사정거리에 두고 있으면서도 저고도로 날아오기 때문에 사드로 요격하는 것이 불가능하다. 탄도미사일인 스커드나 지대지 미사일은 패트리엇으로 요격을 시도할 수는 있지만, 앞서 살펴본 것처럼 패트리엇의 요격 성공률을 극히 낮다.

또한 고정식 발사대에서 발사된 미사일은 비교적 빠른 시간 내에 포착이 가능하지만, 은폐와 회피가 용이한 이동식을 사용할 경우에는 조기 탐지가 그만큼 어려워진다. 일각의 분석처럼 북한이 바닷속에서 발사할 수 있는 SLBM까지 보유하면 북한의 탄도미사일을 막기란 더더욱 어려워진다. 안 그래도 한반도는 종심이 짧은 반면에 산악 지형이 많아 조기 탐지 및 요격 시간 확보가 어려운 실정에서 MD의 실효성은 더더욱 반감될 수밖에 없는 것이다.

사드의 기술적인 한계도 지적하지 않을 수 없다. 패트리엇과 마찬가지로 사드 역시 운동(kinetic) 에너지를 이용하는 직격탄(hit-to-kill) 방식을 채택하고 있다. 반면 요격 대상인 탄두의 낙하속도는 초속 5km 안팎이고, 탄피는 전체 중량의 50% 내외에 달할 정도로 두껍다. 또한 탄두는 고깔 모양이어서 정통으로 맞히기가 대단히 어렵다. 이에 따라 사드가 설사 탄두를 맞히더라도 탄두의 낙하지점이 조금 바뀔 뿐 그대로 떨어질 수 있다. 평택미군기지로 향하던 북한의 탄두가 그 주변 지역으로 떨어질 수 있다는 것이다.

그러나 국방부는 사드가 노동미사일을 잡는 데는 효과가 있다고 강변한다. 김민석 국방부 대변인의 발언이 대표적이다. 그는 2014년 6월 정례 브리핑에서 3월 하순 북한의 노동미사일 시험발사는 "사거리를 단축해서 쏜 것으로 볼 수 있고 북한에서 남한 전역을 타격할 수 있다"고 밝혔다. 또한 "당시 노동미사일의 고도가 160km 이상 올라갔고 최고속도가 마하 7(초속 약 2.5km) 이상이었다"며 "(낙하 속도가) 마하 7쯤이면 PAC-3로는 요격하기 쉽지 않다"고 주장했다. 그러면서 "주한미군이 자체적으로 사드를 한국에 배치하는 것이 우리 안보에 도움은 된다"고 말했다. 북한의 노동미사일은 패트리엇으로 요격할 수 없으니, 사드가 필요하다는 취지의 발언인 셈이다.

그러나 노동미사일은 기본적으로 일본 및 주일미군 억제용이다. 북한은 남한 및 주한미군기지를 사정거리에 두고 있고 노동미사일보다 훨씬 저렴하며 양도 많은 다양한 투발 수단을 갖고 있다. 굳이 남한을 공격하는 데 노동미사일을 사용할 필요가 없다는 것이다. 이에 따라 위의 국방부 대변인의 발언은 국방부가 사드 배치를 정당화하기 위해 '맞춤형 해석'을 한 것이라고 해도 과언이 아니다.

또 한 가지 따져봐야 할 문제는 한국에 배치된 사드가 일본, 오키나와, 괌 등으로 향하는 북한의 탄도미사일을 요격할 수 있느냐의 여부이다. 동해를 거쳐 일본 본토로 날아가는 노동미사일을 평택에 배치된 사드로 요격하는 것은 불가능하다. 또한 북한에서 오키나와와 괌으로 향하는 미사일은 대포동 미사일급에 해당된다. 그런데 대포동은 이륙한 지 수십 초 만에 $200km$ 이상의 고도로 올라가기 때문에, $150km$가 최대인 사드로는 잡을 수 없다.

늪

MD는 한번 발을 담그면 좀처럼 빠져나오기 힘든 '늪'과도 같다. 네 가지 이유 때문이다. 첫째는 '절대안보'를 향한 욕망이다. MD는 적의 핵미사일이 내 땅에 떨어지는 걸 용납할 수 없다는 욕망의 결정체이다. 이것이 자기보호 본능이든, 한 손에는 MD를 들고 다른 한 손에는 미사일을 갖고 적을 더 쉽게 공격하고 싶은 욕구이든 상관없다.

둘째는 MD 과학물신주의이다. 돈과 기술을 투자하면 더 좋은 방패를 만들 수 있다는 기술숭배주의가 MD를 관통한다. 현재 MD의 부실함은 이 사업의 전면적인 재검토가 아니라 더 완벽한 MD를 만들어야 한다는 근거가 되기 일쑤이다. 그래서 납세자에겐 '돈 먹는 하마'가 되고 군산복합체에겐 '황금알을 끊임없는 낳는 거위'가 되는 것이다.

셋째는 방어해야 할 지역의 확대이다. 한 곳에 방어벽을 쌓으면 다른 곳이 불안해지는 속성이 있다. 미국의 사례를 보면 이를 잘 알 수 있다. '지구 경찰'을 자임하는 미국은 해외 주둔 미군과 동맹국을 방어하기 위해 동북아, 중동, 유럽에 MD 시스템을 배치하고 있다. 미국 영토 방어를 위해 처음에는 서부에 배치했다가 동부에서 '우린?' 하니 동부 배치도 검토 중이다. 괌과 하와이도 마찬가지다.

끝으로 MD는 필요를 창출한다. 이게 가장 중요하면서도 심각한 문제이다. 이렇게 생각하면 쉽다. '내가 공격용 미사일 100기를 갖고 있는데, 상대방은 내가 공격용 미사일을 더 갖는 게 두려울까, 아니면 상대방의 미사일을 막을 수 있는 방패를 갖는 게 더 두려울까?' 당연히 후자일 것이다. 그럼 상대방은 더 많은 미사일을 만들 테고 나는 더 강력한 MD가 필요해진다. 위협을 먹고 사는 MD의 무서운 번식력이다.

그럼 한국은 어떨까? 구형 패트리엇(PAC-2)을 도입했는데 잘못 맞힐 것 같으니까 신형 패트리엇(PAC-3)을 도입키로 했다. 일각에서는 이걸로도 부족하니 사드나 SM-3를 도입하자고 한다. 이지스함도 3척을 보유하고 있는데, 이것도 6척으로 늘리겠다고 한다. 또한 한국 자체적으로도 단거리 방공미사일(S-SAM)에 이어 중거리 및 장거리 방공미사일을 개발하려고 한다.

방어 대상을 한정하는 것도 쉽지 않다. 우선 청와대부터 방어해야 한다고 생각할 것이다. 국방부와 연합사 사령부가 있는 용산, 육해공 본부가 있는 계룡대, 주요 공군기지도 우선적인 방어 대상이다. 그럼 수도권과 인천공항, 그리고 20개가 넘는 원자력발전소는 어떤가? 또한 주한미군기지는? 한반도 유사시 후방 지원을 하게 되는 일본 본토, 미국의 증원 전력이 파견되는 오키나와, 괌, 하와이를 한국이 모른 체할 수 있을까?

이뿐만이 아니다. 한국은 미국의 동맹국이다. 한국이 미국으로부터 사들이는 것뿐만 아니라 미국이 한국 영토에 배치하는 것도 중차대한 문제이다. 미국은 2003년에 이미 패트리엇 최신형인 PAC-3와 전진배치 레이더를 한국에 배치했다. MD 능력을 탑재한 이지스함도 수시로 들락거린다. 그리고 사드와 X-밴드 레이더 배치도 검토 중이다.

이뿐만이 아니다. 한국형 미사일방어체제(KAMD)는 한미 간의 MD 상호운용성으로, 그리고 한미일 삼각 MD로 증식하고 있다. 이미 3자 간에는 MD를 위한 정보공유와 합동훈련이 시작된 상태라고 해도 과언이 아니다. 한-미-일은 한반도 유사시 '단일 전장권'이라는 미일동맹의 논리에 따른 결과이다.

그런데 이 정도로 끝나지 않을 것이다. 군사기술이 날로 발전하고 군비경쟁의 열기가 식을 줄 모르며 국가 간의 관계가 불신의 늪에서 벗어나지 못하면, MD는 그야말로 '끝나지 않는 게임(endless game)'이 될 것이기 때문이다. 대화는 없이 대결만 지속되면, 북한의 핵과 미사일 능력은 계속 강화될 것이다. 미국 본토까지 다다르는 대륙간탄도미사일(ICBM) 개발도 시간문제이다. 제주해군기지 완공과 용산기지 및 2사단의 평택권 이전도 눈앞에 두고 있다. 북한의 핵과 미사일이 늘어난다는 것은 그만큼 '지역 MD'의 수요를 창출한다. 북한의 미사일이 미국 본토까지 다다르게 되면, 한반도 유사시 전장권은 미국 본토까지 확대된다. 이렇게 되면 미국은 당연히 한국에게도 미국 본토 방어에 기여해야 한다고 요구할 것이다.

이와 관련해 주목해야 할 것이 있다. 항공기에 레이저를 탑재해 적의 탄도미사일을 요격한다는 ABL(Airbone Laser)이 바로 그것이다. 이 시스템은 적의 미사일이 가장 속도가 느리고 발사체와 탄두가 완전히 분리되지 않는 '이륙 단계'에서 요격을 시도한다는 장점이 있다. 또한 요격시 파편이 적의 영토에 떨어지기 때문에 아측의 피해를 줄일 수 있다는 장점도 거론된다. 그러나 시스템 개발에 막대한 비용이 소요되고 항공기를 적의 영토에 최대한 근접시켜야 하기 때문에 요격당할 위험이 크다는 단점이 있다. 아울러 레이저의 순간 출력을 탄두를 파괴시킬 수 있을 만큼 끌어올리는 것도 대단히 어려운 기술이다. 미국 전문가들은 2030년대에나 이러한 기술 확보가 가능할 것으로 보고 있다. 이러한 이유 때문에 오바마 행정부는 ABL 개발을 유보한 상태이다.

그런데 2015년 초에 한국 국방부에서 황당한 계획을 발표했다. 2020년대 중반까지 레이저빔으로 북한의 탄도미사일을 요격할 수 있는 기술을 개발하겠다는 것이다. 미국이 레이건의 전략방위구상(SDI) 천명 이후 약 600억 달러를 쏟아붓고도 실패한 'MD용 레이저'를 한국이 만들어보겠다는 것이다. 미국 내에서도 북한의 핵 위협에 대처하기 위해 ABL를 부활시켜야 한다는 목소리가 나오고 있다. 미국은 2000년을 전후해 한국에서 ABL 배치 타당성을 검토하기 위한 지형 조사를 실시한 바 있다. 그만큼 한국을 유력한 배치 후보지로 간주하고 있었다.

한국 국방부가 레이저 개발에 성공할 수 있을지, 미국이 다시 ABL 개발에 나설지는 미지수이다. 그러나 북한의 위협이 커졌다는 이유로 'MD용 레이저'가 거론되는 것 자체를 주목할 필요는 있다. 그 끝을 알 수 없는 MD의 무서운 자기증식성을 잘 보여주고 있기 때문이다.

한국이 MD 늪에 빠져들수록, 미중관계에서 한국의 딜레마가 커지게 된다는 점도 간과해서는 안 된다. 미국은 중국의 심장부에 가장 가까운 평택기지 확장 사업을 마무리하면, 이 기지를 방어하기 위해 MD를 강화하려고 할 것이다. 이에 맞서 중국은 유사시 주한미군 기지를 공격 대상으로 삼는 것으로 대응할 것이다. 그렇게 되면 한국에게도 중국 위협론은 기우가 아니라 현실이 될 우려가 커진다.

결론적으로 한국에게 MD는 북핵, 미중 갈등의 딜레마, 그리고 '돈 먹는 하마'를 키우는 것이다. 이 늪에 더 깊숙이 빠져들기 전에, 이제는 발을 빼야 한다. 그리고 한반도 비핵화와 평화체제, 동북아 협력안보체제를 향해 뚜벅뚜벅 걸어가야 한다.

MD와 북핵,
두 괴물을 뛰어넘어 '가능성의 예술'을…

1

> 저는 미사일방어체제(MD)야말로 국방부 역사상 가장 오래된 사기극이라고 믿습니다. 이건 엄청난 돈낭비입니다. 우리는 지난 20여 년간 엄청난 돈을 써왔지만, 탄도미사일을 요격할 수 있는 능력은 여전히 갖고 있지 못합니다.[101]

미국의 평화재단인 플라워세워 재단(Ploughshares Fund)의 조셉 시린시온(Joseph Cirincione) 회장이 2008년 3월에 미 하원 MD 청문회에서 한 말이다. 그는 하원 군사위원회와 국가안보 소위원회에서 30년 가까이 근무하면서 핵무기, 미사일, MD 문제를 집중적으로 다뤄왔던 인물이다. 그러나 그의 호소는 과학물신주의에 물든 미국의 주류 사회를 설득하는 데 역부족이었다. 과학이 신념의 포로로 사로잡히고, 이성이 오기에 자리를 내주고 있는 대표적 사례가 바로 MD인 것이다. 안타깝게도 이러한 현상이 한국에서도 나타나고 있다.

1부에서 자세히 다룬 것처럼, MD와 북핵 사이에 악연이 시작된 지 20년이 지났다. 그 사이사이에 이 악연을 끊을 수 있는 기회가 여러 차례 있었지만, 북핵과 MD는 서로를 의지하면서 적대적 동반성장을 해왔다. 특히 이명박-박근혜 정부를 거치면서 MD와 북핵은 손을 쓰기 힘든 괴물로 커지고 있다. 두 정부가 때로는 흡수통일의 망상에 사로잡히고, 때로는 전시작전통제권 환수 연기에 집착하면서 만들어진 결과이기도 하다.

흔히 "북핵을 머리에 이고 살 수는 없다"고들 한다. 그래서 한국에게 핵우산을 씌워주고 있는 미국은 MD 우산도 같이 쓰자고 한다. 그것도 일본과 함께. 그러나 북핵 위협에 대처한다는 이유로 MD를 비롯한 군비증강에 나서면 머리 위의 북핵은 눈덩이처럼 불어나게 된다. 한국은 현해탄 건너에 있는 일본이나 태평양 건너에 있는 미국과 달리 북한과 휴전선을 맞대고 있다. 도쿄나 워싱턴의 눈과는 다른 안목을 가져야 할 까닭이 아닐 수 없다.

핵무기를 "만능의 보검"으로 삼기로 한 평양의 결정은 북한을 꽃놀이패로 삼아왔던 '워싱턴의 룰'과 떼어놓고 생각할 수 없다. 한마디로 '악연'이다. 이 악연에 힘입어 워싱턴은 서울에 창과 방패를 파는 데 여념이 없다. 한편으로는 북핵을 파괴할 수 있다며 스텔스 전투기와 각종 미사일을 팔고, 다른 한편으로는 북한의 미사일을 막자며 MD를 팔면서 거기에 편입시키려고 한다.

그래서 떠오르는 중국 고사가 있다. 한 장사꾼이 창과 방패를 좌판에 늘어놓고 이렇게 호객행위를 한다. "이 창은 뚫지 못하는 게 없어요. 이 방패는 막지 못하는 게 없어요." 그러자 한 행인이 "그럼 그 창으로 그 방패를 찌르면 어떻게 되오?"라고 묻는다. 주인은 대답을 못하고 줄행랑을 친다. 모순(矛盾)이다. 그런데 안타깝게도 서울의 정책 결정자들은 이 행인보다 현명하지 못한 것 같다.

2

기실 MD는 하나의 무기체계로 국한할 수 없는 역사적·현실적·전략적 맥락을 갖고 있다. MD는 냉전시대에는 물론이고 오늘날에도 국제정치의 가장 핵심적인 키워드 가운데 하나이다. 이토록 오랜 시간 동안 주목을 받아온 무기는 핵무기 이외에는 MD가 유일할 것이다. 또한 MD는 강대국 정치의 가장 핵심적인 사안이다. 특히 동아시아에서는 MD를 가속화하려는 미일동맹과 이를 반대하는 중러협력체제 사이의 충돌이 거대한 마그마처럼 꿈틀거리고 있다. 그리고 한반도는 그 중심에 있다. 한반도 북쪽은 MD의 가장 큰 구실이 되어왔고 남쪽은 끊임없이 포섭의 대상이 되고 있다. 한반도의 적대적 분단논리가 가장 적나라하게 투영된 것이 바로 MD인 셈이다. 이러한 MD의 성격을 종합적으로 이해할 때, 비로소 그 본질을 들여다볼 수 있다. 'MD가 없으면 북한의 핵과 미사일을 뭘로 막느냐'는 1차원적인 이해를 넘어서야 한다는 것이다.

단언컨대, MD는 한국의 국익 및 미래 비전과 양립할 수 없다. 왜 그럴까? 먼저 확실히 해둘 게 있다. 대개 MD를 반대하면 북한의 핵과 미사일 위협을 대수롭지 않게 여긴다거나 심지어 방조한다는 비난을 받기 일쑤이다. 그러나 이는 진실이 아니다. MD는 효과적인 방어체계로 보기 어려울뿐더러, 오히려 군비경쟁과 안보 딜레마를 격화시킨다. 소모되는 비용도 엄청나다. 한국의 안보와 경제를 위협하는 '부메랑'으로 되돌아올 우려가 크다고 보기 때문에 MD를 반대하는 것이다.

그 이유를 하나하나씩 간략히 살펴보자.

우선 미국의 주장부터가 황당하다. 미국의 한 전문가는 한미일 MD가 성공적으로 배치되면 "북한 정권이 아무리 핵실험을 많이 해도 이러한 핵 모험주의는 결국 실패로 끝나게 될 것이라는 점을 깨닫게 될 것"이라고 주장한다.[102] 오바마 행정부도 "MD 능력 강화는 적의 핵무기와 탄도미사일 개발 동기 및 목적을 위축시켜 비확산체제 강화와 국제평화의 안정 유지에 도움이 된다"고 주장한다.[103] 쉽게 말해 강력한 MD가 구축되면 북한은 '핵미사일을 만들어도 소용없다'고 깨닫고는 이들 무기를 포기할 것이라는 주장이다.

그런데 인류 역사상 이런 사례가 있었던가? "과거는 미래를 비추는 거울"이라고 했다. MD가 상대방 핵미사일의 전략적 가치를 떨어뜨려 핵미사일 감축에 기여한다면, 탄도미사일방어(ABM) 조약은 애초부터 성립할 수 없었다. 역사의 진실은 MD를 사실상 금지한 ABM 조약이 핵군축에도 이바지했다는 데 있다. ABM 조약과 동시에 미소 양측의 핵무기를 제한키로 한 최초의 합의, 즉 전략무기제한협정(SALT)이 체결된 것은 결코 우연이 아니었던 것이다.

오히려 핵미사일 군비경쟁은 MD 추진과 그 궤를 같이해왔다. 레이건 행정부가 스타워즈라는 조롱을 받았던 전략방위구상(SDI)을 추진하자 소련은 미국의 방패를 무력화하기 위해 핵무기고를 비약적으로 늘리고 기상천외한 미사일을 만들었다. 이에 미국도 맞서면서 1986년에는 양측의 핵무기 합계가 7만 개까지 치솟았다. 이후 두 나라가 핵무기 감축 및 냉전종식을 선언할 수 있었던 데는 미국이 스타워즈를 사실상 철회한 것이 주효했다. 그러나 21세기 들어 미국이 ABM 조약에서 탈퇴하고 MD 구축에 박차를 가하자 러시아도 핵미사일 현대화에 착수하고 있다. 2부에서 살펴본 것처럼 중국도 MD를 뚫기 위해 다양한 대비책을 강구하고 있다. 북한도 예외는 아니다. MD와 북핵의 동반성장이 우리의 이익에 부합하지 않는다면, 우리의 선택도 자명해지는 것 아닐까?

3부에서 자세히 다룬 것처럼, MD는 한중관계에도 엄청난 부담과 위험을 불러온다. 중국은 한국의 MD 참여를 한중관계의 마지노선으로 간주하기 때문이다. 한중관계를 고려해 한국의 MD 편입을 반대하면, 두 가지 반론이 제기되고는 한다. 하나는 '주권 국가인 우리가 왜 중국의 눈치를 봐야 하느냐'는 푸념이다. 그러나 국가 간 우호협력 관계를 증진하기 위해서는 어느 일방의 주권 행사가 상대방을 자극하지 않아야 하고, 제로섬이 아닌 윈-윈을 모색해야 한다는 것은 국제정치의 기본에 해당된다. 더구나 한국에 배치된 미국의 군사력과 MD는 유사시 대중국용으로 이용될 수 있다. 만약 한국이 미국의 대중국 발진기지로 이용되면, 한국은 중국에게 국제법적으로 군사적 적대행위를 하는 셈이 된다. 미중 간 무력충돌이 발생했을 때, 한국이 미국의 군사기지로 이용될 수 있다는 가능성 자체만으로도 중국으로선 용납하기 힘든 문제인 것이다.

혹자는 "한국이 미국과 MD 협력을 증대하면 중국에 보다 많은 압력을 행사할 수 있기 때문에 중국을 우리가 원하는 방향으로 유도할 수 있다"는 주장도 내놓는다.[104] 북핵 문제와 관련해 중국이 북한을 압박할 수 있는 지렛대로서 한미, 혹은 한미일 간의 MD 협력이 유용성을 지닌다는 의미이다. 그러나 이 역시 단견이다. 우선 이러한 논리는 한미, 혹은 한미일 MD 협력은 중국과 무관하다는 정부의 공식 입장과 배치된다. 또한 한국이 6자회담을 거부하면서 북한 위협을 이유로 MD를 강화할수록 한국에 대한 중국의 불신도 커지게 된다. 이미 중국은 미국·일본을 합친 것보다 더 큰 우리의 최대 무역 상대국이다. 지리적으로도 가장 근접한 국가일 뿐만 아니라 한반도 평화와 통일 프로세스에도 그 영향력이 날로 커지고 있다. 이러한 중국에게 MD를 압박수단으로 삼겠다는 것은 자해적인 선택이 될 공산이 크다. 양국 사이에 힘의 비대칭성이 날로 커지는 상황에서 중국이 한국보다 더 강력하고 다양한 압박 및 제재수단을 가지고 있기 때문이다.

비용 대비 효과를 보더라도 MD는 결코 경제적인 선택이 못 된다. 패트리엇 최신형인 PAC-3 1개 포대를 도입하는 데 약 1조5000억 원이 들어간다. 사드(THAAD)는 포대당 2조 원가량 든다. MD에 필요한 각종 센서와 지휘통제센터를 구축하는 데도 상당한 비용이 들어간다. 비싼 무기일수록 운영유지비도 많이 들어간다. 가령 무기 구매 비용으로 5조 원을 사용하면, 20년간의 운영유지비는 그 3배 안팎에 달하게 된다. 반면 북한은 훨씬 저렴한 비용을 들이고도 MD를 무력화할 수 있는 다양한 공격 능력을 증강할 수 있다. 이렇게 되면 한국은 MD 능력을 또 강화해야 하는 '늪'에 빠지고 만다. 더구나 3부에서 자세히 다룬 것처럼, MD는 여러 가지 기술적 한계를 갖고 있고, 한반도는 MD 작전에 지형적으로 맞지 않다.

MD가 품고 있는 가장 근본적인 문제는 한반도의 평화적 통일을 더더욱 어렵게 만들 것이라는 데 있다. 분단을 극복하기 위해서는 정전체제의 평화체제로의 전환이 선행되어야 한다. 그러나 한반도의 분단 논리와 미국의 분할통치 전략을 품고 있는 MD는 한반도를 냉전과 열전(熱戰) 사이에 가둬둘 것이다. 또한 MD는 21세기 '철의 장막'이다. 한반도 분단의 국제적 요인이 냉전에 있었다면, MD가 촉발하고 있는 동북아시아의 신냉전은 통일에 필요한 국제적 환경 조성을 불가능하게 만들 것이다.

이렇듯 북핵 문제의 악화와 한반도 위기 고조, 한중관계의 파탄 위험성, 막대한 예산 부담과 비용 대비 효과의 불균형, 한반도의 지형적 특성, 평화적 통일에 미칠 부정적인 영향 등을 두루 고려하면, MD는 한국의 국익에 백해무익하다. 한미동맹이 강화되는 효과가 있지 않느냐고 반문할 수는 있다. 그러나 한미동맹은 한국의 안보와 국익을 위한 수단이지 그 자체가 목적일 수는 없다.

사실 MD가 국익과 양립할 수 없다는 점은 미국이 1972년에 소련과 ABM 조약을 체결한 이유를 살펴보면 잘 알 수 있다. 이게 자신들의 국익에 부합하지 않았다면, 이 조약을 체결하고 30년 동안 "국제평화와 안정의 초석"이라고 칭송할 이유가 없다. 부시 행정부는 '세상이 달라졌다'며 이 조약을 파기했다. 그러나 이 조약을 파기한 이후 13년 간의 세상은 더 나쁜 방향으로 변하고 있다.

냉전시대 MD는 억제와는 개념이 달랐다. 억제는 기본적으로 적이 무력공격을 하면 가공할 피해를 안겨줄 능력과 의지를 과시해 적의 공격을 사전에 차단한다는 개념이다. 이에 반해 MD는 억제가 실패해 적이 미사일을 발사하는 상황을 가정한 개념이다. 그러나 1990년대 들어 소련이 몰락하고 MD의 명분이 크게 약화되자, 미국은 '깡패국가'들에겐 억제가 통하지 않는다면서 MD를 합리화하려고 했다. 깡패국가 지도자들은 보복을 두려워해 공격에 나서지 않을 만큼 이성적이지 못하다는 논리와 함께. 그러다가 미국은 21세기 들어 MD가 억제의 일환이라고 주장한다.

3

세계 최대의 군사력 밀집 지역이자 강대국으로 둘러싸여 있는 한반도의 현실에서 국익의 마지노선은 전쟁 방지에 있다. 반대로 국익의 최대치는 평화 정착과 통일 실현에 있다. 이건 한국이나 한반도 차원에 국한된 것이 아니다. 한반도 평화와 통일은 동북아 및 세계평화와 번영에도 이바지할 잠재력을 보유하고 있기 때문이다. 그런데 MD는 한반도에서 전쟁을 야기할 수 있는 치명적인 위험을 잉태하고 있다.

1부에서 자세히 다룬 것처럼, MD는 근본적으로 군비경쟁 억제 및 위기관리와 양립하기 어렵다. 미국과 소련이 ABM 조약을 체결하고 30년간 유지했던 이유도 바로 여기에 있다. 미국과 소련이 1972년부터 데탕트 시대를 맞이할 수 있었던 데는 ABM 조약의 공이 컸다. 반면 1979년 소련의 아프가니스탄 침공으로 위기에 처한 데탕트가 1980년대 들어 신냉전으로 이어졌던 데는 레이건 행정부가 ABM 조약을 무시하고 스타워즈를 추진했던 탓이 컸다. 소련은 레이건이 "소련은 악의 제국이다"라고 말하면서 스타워즈를 추구하려는 의도를 미국의 핵전쟁 의도로 간주했었다. 과대망상에 사로잡힌 소련은 핵무기고를 비약적으로 증강했고, 미국도 스타워즈와 함께 공격용 핵무기를 증강하면서 인류 사회는 또다시 핵전쟁의 위험에 몸서리쳐야 했다. 그런데 한반도도 예외는 아니다. 아니 오히려 더 위험하다.

'방어용'이라는 MD의 위험성은 그 자체만 봐서는 잘 알기 힘들다. 군사전략 전체의 관점에서 바라봐야 한다. 탈냉전 이후 미국의 전쟁 수행 방식을 보자. 미국이 1991년 1차 걸프전 당시 가장 먼저 취한 조치 가운데 하나가 바로 패트리엇 배치였다. 이는 2003년 2차 걸프전 때도 마찬가지였다. 미국 내 일부 세력과 이스라엘이 이란에 대한 군사옵션을 검토하면서 취하고 있는 조치 역시 MD 강화이다. 미국이 탄도미사일을 보유한 어떤 나라를 공격하거나 검토하면서 취하는 조치가 바로 MD 배치인 것이다.

한반도에서도 비슷한 흐름이 있었다. 1994년 전쟁 위기 당시 미국은 북폭을 추진하면서 패트리엇 배치에 돌입했다. 그러자 북한은 미국에게 "우리는 이라크와는 다르다"며 미국의 증원전력이 도착하기 전에 선제공격을 가할 수 있다고 위협했다.[105] 그해 판문점에서 열린 남북대화에서는 "서울 불바다" 발언이 나왔다. 2003년 위기 때도 비슷한 흐름이 있었다. 북한에 대한 선제공격 독트린을 채택한 부시 행정부는 패트리엇 PAC-3를 한국 서부에 대거 배치했다. 그러자 북한은 "선제공격 권리는 미국에만 있는 것이 아니다"라고 반발했다. 다행히 전쟁이 일어나지 않았지만, 위기 도래시 MD가 위기관리를 어렵게 한다는 점을 잘 보여주는 대목들이다.

'부시 독트린'의 요체는 미국이 필요하다고 판단할 경우 적성국가와 테러집단에 선제공격을 가할 수 있다는 것이었다. 그리고 적의 미사일 반격에 대비해 MD 구축을 시도했다. 반면 '오바마 독트린'은 가급적 무력 사용을 자제한다는 것을 골자로 한다. 미국 내 북폭론도 부시 때에 비해 크게 줄었다. 그러나 그것이 안심의 근거가 될 수는 없다. 한반도의 위기 구조는 오히려 더 악화되고 있기 때문이다.

먼저 한반도의 군사력 양상이 크게 달라지고 있다. 미국은 용산 기지와 경기 북부에 주둔하고 있는 2사단을 평택으로 후방배치하기로 했다. 이렇게 되면 북한의 장사정포 사정거리 밖으로 벗어나게 된다. 북한으로서는 대미 억제력의 핵심 부분이 무력화되는 셈이다. 그래서 북한은 평택을 사정거리 안에 둔 다양한 장거리 투발 수단을 개발·배치하고 있다. 동시에 탄도미사일과 핵무기 개발에도 상당한 노력을 기울이고 있다. 이에 맞서 한미동맹은 PAC-3 등 MD 능력을 강화하고 있다. 한미동맹 대 북한의 군비경쟁이 새로운 양상으로 격화되고 있는 것이다.

이렇듯 군비경쟁이 격화되면서 양측의 군사모험주의가 부상할 위험성도 커지고 있다. 한미 양국은 북한 급변사태 발생시 한미연합군을 투입한다는 '작전계획 5029'를 구체화하고 있는 실정이다. 이와 동시에 북핵 사용 징후시 선제타격으로 파괴한다는 '킬 체인' 및 MD 능력도 강화하고 있다. 대북 공격력과 방어력이 강해졌다고 판단하면, 북한 급변사태시 한미연합군을 투입하려는 모험주의적 발상이 기승을 부릴 수 있는 것이다.

북한도 '핵 억제력'의 위력을 과신하고는 국지도발 같은 군사모험주의에 나설 수 있다. 자신의 국지도발에 대해 한국군이나 한미연합군이 핵전쟁으로 비화될 것을 우려해 보복에 나서지 않을 수 있다고 여길 수 있기 때문이다. 이를 두고 국제정치이론에서는 '핵 대 핵'의 대결 상태에서는 큰 전쟁이 억제되는 경향이 있지만 작은 전쟁은 오히려 잦아질 수 있다며, 이를 '안전과 불안의 패러독스(security and insecurity paradox)'라고 부른다.

이뿐만이 아니다. 한미 양국이 대북 공격력과 함께 MD 능력을 강화할수록 북한의 조바심과 맞물려 우발적인 전쟁 가능성도 커지게 된다. '맞춤형 억제'로 불리는 한미 양국의 북핵 및 미사일 대비 작전은 선제공격으로 북핵과 미사일을 파괴하고, 파괴되지 않은 핵미사일이 날아오면 MD로 요격한다는 것을 골자로 한다. 이렇게 되면 북한은 핵무기와 미사일의 생존율을 높이기 위해 다양한 은폐·기만 전술

MD본색: 은밀하게 위험하게

을 쓰면서 유사시 선제 사용이 가능하도록 '경보 즉시 발사' 태세를 갖추려고 할 것이다. 이러한 악순환이 반복되면, 인간의 오판과 오인, 혹은 기계의 오작동에 의한 전쟁 위험성도 그만큼 높아지게 된다.

그리스의 역사가 투키디데스는 "전쟁이 일어나는 가장 큰 이유는 전쟁이 일어날 것이라는 믿음에 있다"라고 말했다. MD와 북핵의 동반 성장을 골자로 하는 한반도 군비경쟁의 위험성은 바로 이러한 양측의 과대망상을 부추길 소지가 크다는 점에 있다. 세계 최강의 공격 능력을 갖춘 한미연합군이 수시로 군사훈련을 벌이면서 MD 능력을 강화하면, 북한은 이를 한미동맹의 전쟁 준비로 간주한다. 반면 북한이 핵과 미사일 능력을 강화하면, 한미 양국 내에서는 북한의 전쟁 준비로 인식하는 경향이 커진다. 2015년 초 국내 언론이 "북한이 핵과 미사일을 사용해 7일 안에 남한을 점령하기 위한 신작전계획을 세웠다"고 대대적으로 보도한 것이 이를 잘 보여준다. "평화를 원하거든 전쟁을 준비하라"는 말이 있다. 그러나 군사적으로 첨예하게 대치하고 군비경쟁을 벌이고 있는 상황에서 어느 한쪽의 군사적 조치가 아무리 평화를 위한 것이라고 해도 상대방에게는 전쟁 준비로 간주되곤 한다. 그것이 프로파간다이든, 과대망상이든 말이다.

MD의 역설은 바로 이 지점에 존재한다. 본문에서 다룬 것처럼, MD는 본질적으로, 특히 종심이 짧은 한반도에서는 그 효과를 발휘하기 어렵다. 거꾸로 말하면, MD는 그 자체로는 북한에게 별로 위협이 안 될 수도 있다는 것이다. 그러나 한미, 혹은 한미일의 MD 강화는 북한에게 전쟁 준비로 비춰질 수 있다. 걸프전에서 시작된 1990년대 이후 미국의 전쟁 수행 방식에 대한 일종의 '학습 효과'이다. 또한 앞서 언급한 것처럼, 한미동맹은 MD와 함께 공격 능력도 강화하고 있다. MD가 방어적 실효성이 떨어지더라도 군비경쟁 및 전쟁 위기를 야기하는 역설인 셈이다.

역설은 여기서 끝나지 않는다. 다른 무기체계보다는 힘들더라도 MD 역시 막대한 돈을 퍼부어 끊임없이 개발하면 그 성능이 높아질 수 있을 것이다. 그만큼 MD를 하는 쪽에서는 '절대안보'에 다가설 수 있다고 믿을 수 있다. 그러나 군사적인 대치 상황에서 한쪽이 절대안보에 가까워지려고 할수록 상대방의 불안감은 더욱 커지기 마련이다. 그 불안감은 군비를 증강하고 군사적 준비 태세를 강화하는 결과로 이어진다. 그 결과 나의 안보도 위태롭게 된다. MD를 통해 절대안보를 추구할수록 안보 불안이 커지는 또 하나의 역설인 것이다.

이러한 상황을 종합해볼 때, 북핵 문제의 '미해결'은 MD 구비를 가속화해야 할 근거가 아니라 오히려 더욱 신중해져야 할 이유라고 할 수 있다. 얼핏 탄도미사일을 다량 보유한 북한이 핵무기까지 갖게 되면서 MD의 필요성이 커졌다고 볼 수 있다. 그러나 북한의 핵개발은 군사적으로는 억제용이고, 외교적으로는 협상용의 성격이 강하다.

이는 필자만의 판단이 아니다. 미국 정보기관 역시 "북한은 핵무기와 탄도미사일을 전투수행보다는 억제와 강압외교의 목적으로 간주하고 있다"고 지적하면서, "북한이 정권의 붕괴를 가져올 수 있는 군사적 패배에 직면하거나 급변사태가 발생하지 않으면 핵무기를 사용하지 않을 것으로 본다"고 분석한다. 이는 한반도에서 전면전이 발발하지 않거나 북한이 외부의 공격을 받지 않는 한, 북한이 탄도미사일을 한국을 향해 발사할 가능성이 없다는 것을 의미한다.

4

그렇다면 대안은 무엇일까? 그것은 레이건과 고르바초프가 총성 한 방 울리지 않고 냉전을 종식할 수 있었던 지혜에서 찾을 수 있다. 냉전식 일방적 안보는 '상대방을 불안하게 만들어야 내가 안전해진다'는 사고에 기반을 두고 있었다. 그래서 수만 개의 핵탄두도 만들고 MD도 만지작거렸지만, 결과는 '나도 더 불안해진다'는 것이었다. 절대안보를 추구하는 망상이 절대불안을 야기한다는 값비싼 교훈을 길어올린 것이다. 반면 탈냉전식 공동안보는 '상대방이 안전해진다고 느낄 때, 비로소 나도 안전해진다'는 발상의 전환에 뿌리를 두고 있다.

북한의 위협을 비롯한 한반도 문제도 이런 정신으로 풀어야 한다. 외교적 고립이든 경제적 제재이든 군사적 위협이든 북한을 불안하게 만들어야 핵과 미사일 문제를 해결할 수 있을 것이라는 일방적 사고는 실패한 정책을 되풀이할 뿐이다. 이러한 맥락에서 볼 때, MD는 한국 안보에 금상첨화가 아니라 설상가상이 되고 말 것이다.

물론 북한의 위협이 존재하고 정전 상태가 유지되는 상황에서는 대북 억제력이 필요하다. 실제로 한미동맹은 강력한 대북 억제 태세를 보유하고 있다. 그러나 MD는 억제를 넘어선 것이자 과유불급의 우를 범하는 것이다. 단호하면서도 절제력 있는 억제력을 유지하면서 대화와 협상에 적극 나서고, 북한의 안보 우려 해소를 포함한 상호 간 위협 감소 조치를 취해나가야 한다. 이를 바탕으로 한반도 정전체제를 평화체제로 전환하면서 북핵 해결을 도모하려는 자세가 필요하다.

MD와 북핵은 1994년 이후 동반성장해온 괴물과도 같은 존재들이다. 한국이 해야 할 일은 바로 이 악연을 끊는 것이다. 북핵이 커질수록 남한은 MD의 늪에 더욱 깊이 빠져들고 남한이 MD에 편입될수록 북핵은 더더욱 커지는, 이 기막힌 악순환을 더 이상 방치해서는 안 된다. 그 길은 의외로 가까이에 있다. 중국과 함께 6자회담의 문을 여는 게 바로 그것이다. 6자회담 무용론을 얘기하는 건 그만큼 역사에 무지하다는 걸 의미한다. '가능성의 예술'이라는 외교를 무시하는 발상이다. 6자회담의 문을 열면 북핵과 MD의 동반성장을 억제할 수 있는 방법을 찾을 수 있다. 북핵 동결에 성공하면, 어렵고 시간이 걸리더라도 최종적인 북핵 해결도 타진할 수 있다.

더구나 6자회담의 궁극적인 목표는 한반도는 물론이고 동북아에서도 평화체제를 구축하는 데 있다. 한반도 정세의 불안, 중국의 부상, 일본의 우경화, 미국의 재균형 전략, 러시아의 동방정책 등으로 패권 경쟁이 가시화되고 있는 동북아 정세를 안정화하기 위해서라도 6자회담은 반드시 필요하다.

Q　　　MD란 무엇인가?

A　　　MD는 말 그대로 비행 중인 적의 탄도미사일을 미사일이나 레이저로 요격하는 개념이다. 제2차 세계대전 막바지에 영국이 독일의 V-2 로켓 공격을 받으면서 MD라는 개념이 탄생했다. 그러나 MD가 본격화된 시점은 미국과 소련 사이의 핵 군비경쟁이 막을 올린 1950년대부터였다. 1950년대 후반 들어 양국이 상대방의 본토를 공격할 수 있는 대륙간탄도미사일(ICBM)을 보유하자, 두 나라는 경쟁적으로 MD라는 방패를 손에 넣으려 했다. 소련은 1961년 3월, 최초로 MD 실험을 실시했고, 미국도 방공 미사일인 나이키의 성능을 개량해 나이키 허큘리스(Nike Hercules)와 나이키 제우스(Nike Zeus), 나이키-X, 센티널(Sentinel) 등을 잇달아 내놓았다. 이에 맞서 소련도 1966년부터 모스크바를 방어하기 위한 A-35 요격미사일을 배치했다. 이처럼 창과 방패를 둘러싼 미소 간의 군비경쟁은 1972년 들어 새로운 국면을 맞이했다. 양국이 탄도미사일방어(Anti-Ballistic Missile Treaty: ABM) 조약을

체결해 MD에 제한을 두기로 한 것이다. ABM 조약 체결의 핵심적인 이유는 어느 일방이 상대방의 핵미사일을 무력화시킬 수 있는 방패를 보유할 경우, 양국 간의 전략적 균형이 와해돼 공멸을 야기할 수 있다는 두려움에 있었다.

Q   ABM 조약은 무엇인가?

A   ABM 조약은 미국과 구소련이 1972년에 체결한 군비통제조약으로서 이후 군비경쟁을 완화하는 데 시금석이 된 대표적인 조약이다. ABM 조약에서는 ABM 시스템을 비행중인 전략탄도미사일, 또는 그 구성 요소를 요격하는 시스템으로 규정했는데, ABM은 오늘날 MD와 같은 말로 봐도 무방하다. ABM 조약은 △수도와 ICBM 기지 중심 반경 150km 이내에 각각 하나의 ABM 체제만 배치 △100기 이상의 요격미사일 배치 금지 △요격 시스템 구축 1개 지역으로 제한 △영토 전체 방어용 요격시스템 구축 금지 △이동식 요격시스템 구축 금지 △해상·공중·우주 또는 이동식 지상발사 시스템 개발·시험·배치 금지 △ 타국 이전 또는 국외 배치 금지 등을 명시했다. 즉, ABM 조약은 MD 구축을 완전히 금지한 것은 아니지만, 큰 제한을 둔 것이었다. 그러나 조지 W. 부시 행정부는 MD 구축의 법적 제약에서 벗어나기 위해 2001년 12월 13일 ABM 조약 탈퇴를 선언했고, 2002년 6월 13일부로 ABM 조약은 역사 속으로 사라지게 됐다.

Q   MD는 어떻게 변화되어왔나?

A   ABM 조약에 제동이 걸린 미국의 MD는 레이건 행정부가 등장하면서 새롭게 부활했다. 1983년 미국의 레이건 대통령이 소련을 "악의 제국"이라고 부르면서 소련의 핵미사일을 요격하기 위해 우주 공간에 MD 기지를 설치한다는 '전략방위구상(Strategic Defense Initiative: SDI)'을 발표한 것이다. 그러나 레이건의 야심만만한 계획은 1989년 미소 냉전종식과 함께 역사의 무대에서 퇴장하는 듯했다. 뒤이어 집권한 조지 H. W. 부시 행정부는 1991년 SDI를 대폭 축소해 '제한적 공격 대비 지구 보호(Global Protection Against Limited Strikes: GPALS)'로 변경했다. 그리고 최근과 같은 의미의 MD는 빌 클린턴 행정부 때부터 본격화됐다. 클린턴 행정부 때는 MD를 NMD와 TMD로 나누었다. NMD는 'National Missile Defense'(국가미사일방어체제)의 약자로서, 미국 본토로 날아오는 탄도미사일이 목표물에 도달하기 전에 이를 탐지·요격·파괴하기 위한 시스템을 의미한다. TMD는 'Theater Missile Defense'(전역미사일방어체제)의 약자로서, 해외 주둔 미군과 미국의 동맹국들을 미사일 공격으로부터 방어하기 위한 시스템을 말한다. 그러나 부시 행정부는 다층적인 MD를 추진했다. 이에 따라 NMD와 TMD는 MD라는 개념으로 통합되었다. 그러나 오바마 행정부는 또다시 MD를 '본토 방어용'과 '지역 방어용'으로 구분해서 사용하고 있다.

Q   MD에는 어떤 것들이 있나?

A   〈그림 1〉을 중심으로 설명하고자 한다. 그림 중간에 나와 있는 것처럼, 미국은 적의 미사일 비행경로를 '이륙(boost)-상승(ascent)-중간(midcourse)-최종(terminal)' 등 4단계로 나누고 있다. 그림 상단에 위치한 것들은 적의 미사일 발사를 탐지·추적·식별하는 센서들로서, MD 체제에서 '눈' 역할을 한다. 이들 시스템으로는 첩보위성에 해당되는 '방위지원 프로그램(Defense Support Program, DSP)'과 '우주배치 적외선시스템(Space-Based Infrared Systems, SBIRS)', 무인항공기(Unmanned Aerial Vehicle, UAV), X-밴드 레이더인 해상 배치 레이더(Sea-based radar) 및 AN/TYP-2, 그리고 이지스함에 장착된 SPY 레

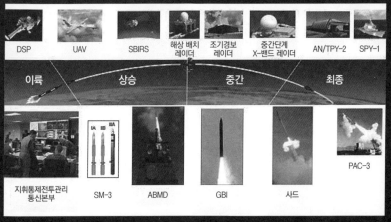

DSP   UAV   SBIRS   해상 배치 레이더   조기경보 레이더   중간단계 X-밴드 레이더   AN/TPY-2   SPY-1

이륙   상승   중간   최종

지휘통제전투관리 통신본부   SM-3   ABMD   GBI   사드   PAC-3

〈그림 1〉 MD 체제의 단계별 구성요소

이더 등이 있다. 하단 왼쪽에 있는 사진은 MD 체제의 '뇌' 기능을 수행하는 지휘통제전투관리통신(Command, Control, Battle Management & Communications: C2BMC 혹은 BMC3)본부이다. 끝으로 그 오른쪽에 있는 사진들은 요격미사일을 나타낸 것이다. 이지스함에 장착되는 스탠다드 미사일-3(Standard Missile-3, SM-3), 지상배치요격미사일(Ground-based interceptor, GBI), 종말단계고고도미사일방어(Terminal High Altitude Area Defense, THAAD), 패트리엇-3 (Patriot Advanced Capability-3, PAC-3) 등이 이에 해당된다.

Q   MD의 작동원리는 무엇인가?

A   〈그림 2〉는 MD 작동원리를 설명하는 개념도이다. ①은 첩보위성와 X-밴드 레이더 등 원거리 센서를 통해 적의 미사일 발사를 탐지하는 것이고 ②는 첩보위성과 X-밴드 레이더 등 MD용 센서들을 통해 적의 미사일을 감시·추적·식별하는 것이다. ③은 발사장치가 센서에서 전달받은 정보로 적의 미사일을 향해 요격미사일을 발사하는 단계이고 ④는 발사장치에 내장된 레이더를 통해 요격미사일을 적의 미사일로 유도하는 것이며 ⑤는 적 미사일의 비행궤도를 파악해 요격하는 단계이다. 현대식 요격미사일은 직격탄(hit-to-kill) 방식을 채택하고 있다.

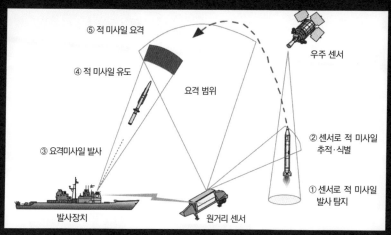

〈그림 2〉 MD 작동 개념도

Q 　　　탄도미사일에는 어떤 것들이 있고, 이는 MD와 어떤 관계가
있나?

A 　　　탄도미사일은 사정거리에 따라 크게 네 가지로 분류된다. 단
거리 탄도미사일(SRBM)은 150~799㎞, 중거리 탄도미사일(MRBM)은
800~2399㎞, 중장거리 탄도미사일(IRMB)은 2400~5499㎞, 대륙간탄
도미사일(ICBM)은 5500㎞ 이상을 일컫는다. 이러한 분류에 따르면, 미
국의 '본토 방어용'인 GMD는 주로 ICBM을, '지역 MD'는 주로 단거리·
중거리·중장거리 탄도미사일 요격을 위해 고안된 것이라고 할 수 있다.
동시에 지역 MD 시스템을 ICBM 요격까지 가능한 형태로 업그레이드

하고 있다. 대표적인 것이 이지스함에 장착되는 SM-3이다. 미국은 중단 거리 미사일 요격용으로 개발된 SM-3의 성능을 높이고 있는데, ICBM 요격용 개량형은 'SM-3Block IIB'로, 지상배치 SM-3 미사일은 '해변의 이지스(Aegis Ashore)'로 불린다.

Q　미국 본토 방어용 MD의 추진 현황은 어떠한가?

A　미국 본토 방어용 MD는 '지상배치중단단계방어(Ground-based Midcourse Defense: GMD)'로 불린다. 앞서 소개한 GBI가 이 시스템의 요격미사일에 해당된다. 미국은 북한의 장거리 미사일 위협에 대처한다는 명분으로 2004년부터 배치에 돌입해 2010년까지 알래스카 포트 그릴리에 26기, 캘리포니아 반덴버그 공군기지에 4기의 GBI를 배치했다. 또한 적의 미사일을 탐지·추적·식별하기 위해 조기경보 레이더를 알래스카, 캘리포니아, 유럽 등에 배치했고, 해상배치 X-밴드 레이더 등 이동식 레이더망을 운용하고 있다. 당초 오바마 행정부는 30기 수준의 GBI를 유지한다는 방침이었지만, 2013년 한반도 위기를 거치면서 14기의 GBI를 추가 배치하기로 했다. 또한 공화당을 중심으로 미국 내 일각에서는 미국 동부가 미사일 공격에 취약하다며 동부에도 GMD를 배치해야 한다는 주장이 나오고 있다.

Q　미국 주도의 '지역 MD' 추진 현황은?

A　　　미국은 '지역 MD' 구축 대상으로 유럽과 동아시아, 중동 3곳을 지정했다. '유럽형 PAA(EPAA)'로 불리는 미국의 유럽 MD 계획은 4단계로 구분되어 있다. 2011년에 완료된 '1단계'는 남부 유럽에 SM-3Block I A를 장착한 이지스함과 레이더를 배치한 것이 골자이다. 2015년으로 예정인 '2단계'는 2015년까지 SM-3Block I A보다 요격범위가 넓은 SM-3Block I B와 추가적인 센서를 남부 유럽에 배치한다는 방침이다. 2018년이 목표시한인 '3단계'는 유럽에 '해변의 이지스' 기지를 만들고 SM-3Block II A를 배치해 중장거리 미사일에 대한 대응능력을 강화할 예정이다. 이 단계에서는 북대서양조약기구(NATO) 동맹국 전체를 방어할 수 있는 능력을 확보한다는 방침이다. 끝으로 목표연도가 2020년으로 설정된 '4단계'에서는 ICBM까지 요격이 가능한 SM-3Block II B를 배치한다는 계획이다.

다음으로 중동을 살펴보자. 미국은 중동의 핵심적인 동맹국인 이스라엘과 함께 '애로우2(Arrow-2)' 요격미사일 공동개발 등 MD 구축에 박차를 가해왔다. 이란의 핵미사일 위협이 커지고 있다는 판단하에 걸프 지역 국가들과의 협력에도 상당한 노력을 기울이고 있다. 미국은 2010년 들어 카타르, 쿠웨이트, 아랍에미리트, 바레인에 각각 2개 포대씩 8개의 PAC-3 부대를 배치했고, SM-3 미사일을 탑재한 이지스함을 걸프 지역에 파견했다. 아울러 중동 국가들과 양자방공구상(Bilateral Air Defense Initiative)을 추진해 MD 협력을 강화하고, MD 시스템을 구입하려는 중동 국가들의 요구를 해외군사판매(FMS)를 통해 호응한다는 방침이다.

끝으로 동아시아다. 중국의 부상과 북한의 핵무기 및 탄도미사일 개발 등으로 동아시아는 미소 냉전 해체 이후 미국 MD 구상의 핵심 지역이 되어왔다. 여기서 핵심적인 파트너는 역시 일본이다. 일본은 1998년 8월 말 북한의 소형 위성 광명성 1호(대포동 1호) 발사를 계기로 미국과의 MD 협력에 박차를 가해왔고, 이에 따라 PAC-3와 SM-3로 이뤄진 이중방어체제를 구축하는 한편, 미국과의 상호운용성 및 공동작전 능력을 강화해왔다. 두 나라가 함께 ICBM까지 요격이 가능하다는 SM-3BlockⅡA의 공동개발에 나서고 있는 것도 주목된다. 아울러 한국도 이 체계에 편입시키려 하고 있다.

Q 미국은 왜 MD를 하려고 하는가?

A 미국 정부가 MD를 만들려고 하는 공식적인 이유는 북한을 비롯한 적성국가들의 제한적인 탄도미사일 위협, 중국이나 러시아로부터의 우발적인(accidental) 미사일 발사, 그리고 테러리스트와 같은 비인가자(unauthorized)들의 미사일 공격 등에 대비한다는 것이다. 이와 관련해 오바마 행정부는 다섯 가지를 강조하고 있다. 첫째, MD는 동맹과 우방국에게 미국의 안전보장 약속을 재확신(reassurance)시켜준다. 둘째, MD는 적대국이 미국의 접근을 방해·차단하려는 강압적인 행동의 가능성을 줄여 미국 군사 활동의 자유를 유지시켜준다. 셋째, MD는

적의 미사일 사용 시도에 대한 억제력을 강화해준다. 넷째, MD는 적의 핵무기와 탄도미사일 개발 동기 및 목적을 위축시켜 비확산체제 강화와 국제평화, 안정 유지에 도움이 된다. 다섯째, MD는 안보정책에서 핵무기에 대한 의존도를 줄여준다.

이러한 공식적인 이유 이외에도 여러 가지 사유가 있다. 먼저 MD는 미국의 '군사 개입'의 핵심이다. 어느 지역에 군사적으로 개입하려고 할 때, MD라는 방어막을 만들어야 적의 보복을 최소화할 수 있다고 여기기 때문이다. 이는 1991년 걸프전과 2003년 이라크 침공 때 확인된 바이다. 또한 나토의 동진과 아시아 재균형 전략에서 나타나고 있는 것처럼, MD는 미국의 '동맹 확대' 전략의 핵심으로 자리잡고 있다. 아울러 MD는 미국이 전략적 경쟁자들인 러시아와 중국과 비교해 확실한 '전략적 우위'를 달성하는 데도 필요한 것으로 간주된다. 세계 최강의 재래식 전력 및 핵공격 능력을 보유한 미국으로서는 MD 능력까지 갖추면 확고한 군사적 우위를 유지할 수 있다고 생각할 수 있다.

Q　　　명칭에서 알 수 있듯이 MD는 방어용 무기가 아닌가?

A　　　방어용 무기이기 때문에 어떠한 공격용 무기 못지않게 위협적이다. 이게 바로 MD의 역설이자 본질이다. 가장 강력한 창을 갖고 있는 나라가 상대방의 창을 무력화시킬 수 있는 방패까지 보유한다면, 창을 쓰는 것이 훨씬 자유롭게 되기 때문이다. 미국 스스로도 MD의 필요성

을 말할 때, 군사적으로 자유로울 수 있다는 점을 강조하고 있다. 또한 미국의 기본적인 MD 전략이 가급적 먼저 상대방의 미사일 시설을 공격하여 파괴하고, 남은 미사일을 MD로 요격하겠다는 것이라는 점 역시 중요하게 고려해야 한다. 이는 한국의 대북 군사전략이 북핵 사용 징후시 '킬 체인(kill-chain)'을 통해 선제공격을 가하고 날아오는 미사일을 MD로 요격하겠다고 밝히는 것과 흡사하다.

Q 다른 나라도 MD를 하고 있는가?

A 미국과 그 동맹국들을 제외하고 MD를 구축하고 있는 나라들로는 러시아, 중국, 인도 등이 있다. 러시아는 한때 미국보다 먼저 MD 구축에 나서기도 했지만, 1972년 ABM 조약과 그 이후 소련 몰락 등으로 미국보다 MD 능력이 크게 뒤떨어진 상황이다. 1990년대 중후반부터는 S-300 및 S-400 계열의 MD 시스템을 개발해왔는데, 이들 요격 미사일은 항공기 및 중단거리 탄도미사일 요격용으로 개발된 것이다. 중국의 MD 시스템 역시 러시아로부터 수입한 S-300 및 S-400에 기반을 두고 있다. 동시에 위성 파괴용 탄도미사일 발사에 성공한 것에서도 알 수 있듯이, 자체적인 요격미사일 개발에도 관심을 갖고 있다. 인도의 MD는 파키스탄이 핵실험에 성공하고 탄도미사일 전력을 증강하면서 본격화되기 시작했다. 2000년대 중반에는 상층과 하층으로 이뤄진 이중방어체제를 구축했고, 최근에는 뉴델리, 뭄바이 등 대도시 방어용

MD에도 상당한 투자를 하고 있다.

Q　　　MD는 제대로 작동하는가?

A　　　'총알로 총알을 맞히는 게임'이라는 비유에서도 알 수 있듯이, 초속 5㎞ 안팎의 초고속으로 날아오는 탄도미사일 탄두를 미사일이나 레이저로 요격하기란 쉽지 않다. 특히 MD를 무력화할 수 있는 교란체나 다탄두미사일을 개발하는 것이 MD보다 훨씬 쉽고 저렴하다. 가령 상대방이 탄두와 함께 교란체를 우주 공간에 뿌리면 무중력 상태에서 탄두와 교란체는 같은 속도로 날아오기 때문에, 이를 식별해서 요격하기란 거의 불가능에 가깝다. 또한 탄두를 맞히더라도 파괴한다고 장담할 수도 없다. 골키퍼의 손에 맞은 공이 골망을 흔드는 경우와 같은 상황이 MD에도 적용되기 때문이다. 그러나 세계 최강의 경제력과 기술력을 갖춘 미국은 상대방의 미사일 발사를 초기에 탐지하고 이를 추적·식별할 수 있는 정보력과 초고속 요격미사일 개발을 자신하고 있다. 대표적인 MD 주창자인 도날드 럼스펠드 전 미국 국방장관(2001년~2006년)은 "없는 것보다는 낫다"라는 유명한 말을 남기기도 했다.

Q　　　왜 MD는 새로운 군비경쟁을 야기한다고 하는가?

A　　　MD가 야기하는 군비경쟁의 형태는 크게 두 가지로 생각할

　　　　　　　　　　　　　　　　　　　　　MD본색: 은밀하게 위험하게

수 있다. 하나는 MD를 무력화시킬 수 있는 더욱 강력한 공격용 무기의 개발이다. 미국이 MD 구축을 강행하자 이에 불안을 느끼고 있는 북한, 러시아, 중국 등이 핵전력을 강화하고, 이를 운반할 수 있는 미사일 개발에 박차를 가하고 있는 현실이 이를 잘 보여준다. 공격용 미사일 개발 양상은 다탄두, 이동식 발사대, 고체 연료를 사용한 발사 시간 단축, 비행 속도 높이기, 미사일 보유량 늘리기 등 다양한 형태로 나타나고 있다. 또한 MD로 요격이 불가능한 핵무기 운반수단 개발 양상도 나타나고 있다. 파키스탄이 인도의 MD에 맞서 핵 포탄과 저고도 지대지 미사일 개발에 박차를 가하고 있는 것이 대표적이다. 북한 역시 최근 신형 방사포와 지대지 미사일 개발 및 실험에 나서고 있다. 이는 MD 구축에 따른 군비경쟁의 초기 양태가 '공격용' 무기 개발 경쟁의 형태로 나타날 것이라는 점을 예고한다. 다른 하나는 상대방의 미사일 공격을 막기 위한 방어용 무기 개발 경쟁이다. 미국과 동맹국의 공격력과 방어력이 강화될수록, 러시아와 중국도 공격용 무기에 의존하는 보복 능력에 만족하지 않게 될 것이다. 군비경쟁의 기본적인 속성과 그 역사를 돌이켜 볼 때, 중국과 러시아 역시 MD 구축에 나설 것이라는 점을 어렵지 않게 예상할 수 있다. 아울러 MD가 우주의 군사적 선점과 밀접한 연관을 갖고 있는 만큼, 우주 군비경쟁도 첨예해질 공산이 크다.

1 http://www2.gwu.edu/~nsarchiv/NSAEBB/NSAEBB60/index.html

2 Henry Kissinger, *World Order*, Kindle Edition Loc. 4606.

3 John Lewis Gaddis, *The Cold War*, The Penguin Press, 2005, pp. 81–82, p. 227.

4 크레이그 아이젠드레스·멜빈 구드먼·제럴드 마시 지음, 김기협·천희상 옮김, 《미사일 디펜스》, 들녘, 2002, 22쪽.

5 《미사일디펜스》, 42–43쪽.

6 이에 대한 상세한 내용은 정욱식, 《핵의 세계사》, 아카이브, 2012년, 287–299쪽 참조.

7 The Washington Post, May 19, 2000.

8 The Telegraph, July 20, 2000.

9 〈한국일보〉, 2001년 6월 14일.

10 〈한국일보〉, 2001년 6월 14일.

11 임동원, 《피스메이커: 남북관계와 북핵문제 20년》, 중앙books, 2008년, 532쪽.

12 〈한국일보〉, 2001년 6월 14일.

13 임동원, 앞의 책, 533쪽.

14 찰스 프리처드, 김연철·서보혁 옮김, 《실패한 외교: 부시, 네오콘 그리고 북핵 위기》, 사계절, 2008, 119–120 쪽.

15 Los Angeles Times, 27 July 2001.

16 찰스 프리처드, 앞의 책, 94쪽·115쪽.

17 Peter Baker, *Days of Fire: Bush and Cheney in the White House*, Doubleday, 2013, Location 2000–2002.

18 임동원, 앞의 책, 524쪽.

19 Peter Baker, 앞의 책, Loc. 2021.

20 David Ignatius, "The Korea Challenge", The Washington Post, January 7, 2001.

21 Condoleezza Rice, "Campaign 2000: Promoting the National Interest", Foreign Affairs, January/February, 2000.

22 The New York Times, March 6, 2001.

23 찰스 프리처드, 앞의 책, 117쪽.

24 Matthew Reiss, "Making Enemies: Politics, profit, and Bush's North Korea policy", In These Times, June 8, 2004.

25 Madeleine Albright, *Madam Secretary* Miramax Books, 2003, http://www2.gwu.edu/~nsarchiv/NSAEBB/NSAEBB164/Discussions%20between%20Secretary%20of%20State%20Albright%20and%20Kim%20Il%20Jong.pdf

26 http://www.washingtonmonthly.com/features/2004/0405.kaplan.html

27 The Guardian, May 9, 2003.

28 http://www.defense.gov/speeches/speech.aspx?speechid=386

29 이 문서의 번역 전문은, 이삼성·정욱식 외, 《한반도의 선택》, 삼인, 2003년, 부록에서 볼 수 있다.

30 http://www.ohmynews.com/NWS_Web/view/at_pg.aspx?CNTN_CD= A0000053236

31 Peter Baker, 앞의 책, Loc 3866.

32 http://www.defense.gov/transcripts/transcript.aspx?transcriptid=2603

33 http://nsarchive.files.wordpress.com/2010/10/10_f_1229_rumsfeld_breakfast_sept_11_with_mocs.pdf

34 Robin Wright, "Top Focus Before 9/11 Wasn't on Terrorism", The Washington Post, April 1, 2004.

35 The Washington Post, March 24, 2004.

36 The New York Times, April 1, 2004.

37 http://thecable.foreignpolicy.com/posts/2013/12/05/us_shoots_down_russia_s_push_to_scrap_missile_shield#sthash.eG46OFNq.2H0lGxPt.dpbs

38 http://www.brookings.edu/blogs/up-front/posts/2013/12/02-iran-deal-obviate-missile-defense-europe-pifer 111

39 기자회견 전문은 다음 주소에서 볼 수 있다. http://www.defense.gov/transcripts/transcript.aspx?transcriptid=865

40 William Burr, "Missile Defense Thirty Years Ago: Deja Vu All Over Again?", National Security Archive Electronic Briefing Book No. 36, December 18, 2000. http://www2.gwu.edu/~nsarchiv/NSAEBB/NSAEBB36/

41 President's Science Advisory Committee. Strategic Military Panel, "Report on the Proposed Army-[Bell Telephone Laboratories] BTL Ballistic Missile Defense System", 29 October 1965. http://www2.gwu.edu/~nsarchiv/NSAEBB/NSAEBB36/docs/doc01.pdf

42 http://media.usip.org/reports/strat_posture_report.pdf

43 Jeffrey Bader, Obama and China's Rise: An Insider's Account of America's Asia Strategy, Brookings Institution Press, Kindle Edition, 2012, Location 620-637.

44 The New York Times, December 13, 2012.

45 Joanne Tompkins, "How U.S. Strategic Policy Is Changing China's Nuclear Plans", Arms Control Today, January/February 2003.

46 "China's National Defense in 2010." http://merln.ndu.edu/whitepapers/China_English2010.pdf

47 Department of Defense, "Ballistic Missile Defense Review Report", February 2010, http://www.defense.gov/bmdr/docs/BMDR%20as%20of%2026JAN10%200630_for%20web.pdf

48 Chris Jones, Managing the Goldilocks Dilemma: Missile Defense and Strategic Stability in Northeast Asia, pp. 109-110. http://csis.org/images/stories/poni/110921_Jones.pdf

49 http://www.spacewar.com/reports/Ballistic_Missile_Defense_Key_To_Defending_Taiwan.html

50 http://csis.org/files/publication/141120_Green_FederatedDefenseAsia_Web.pdf

51 Chris Jones, 앞의 책, p. 116. http://csis.org/images/stories/poni/110921_Jones.pdf

52 http://news.xinhuanet.com/english/china/2013-04/16/c_132312681.htm

53 http://thediplomat.com/flashpoints-blog/2013/05/22/chinas-no-first-use-policy-promotes-nuclear-disarmament/

54 http://thediplomat.com/2012/12/a-new-gameplan-for-chinas-nuclear-arsenal/

55 James M. Acton, "Is China Changing Its Position on Nuclear Weapons?", The New York Times, April 18, 2013.

56 http://www.fas.org/spp/starwars/program/news00/bmd-000718a.htm

57 Keir A. Lieber and Daryl G. Press, "The Rise of U.S. Nuclear Primacy", Foreign Affairs, MARCH/APRIL 2006.

58 John J. Mearsheimer, The Tragedy of Great Power Politics, W. W. Norton & Company; Updated Kindle Edition, 2014, Loc 3716-3777.

59 간담회 전문은 여기에서 볼 수 있다. http://www.cfr.org/defense-and-security/deputy-secretary-defense-robert-work-asia-pacific-rebalance/p33538

60 Department of Defense, Ballistic Missile Defense Review Report, February 2010, http://www.defense.gov/bmdr/docs/BMDR%20as%20of%2026JAN10%200630_for%20web.pdf

61 The New York Times, January 13, 2011.

62 http://mostlymissiledefense.com/2014/01/27/thaad-flight-tests-since-2005-january-27-2014/

63 http://www.wikileaks-kr.org/dokuwiki/09tokyo1879

64 http://www.wikileaks-kr.org/dokuwiki/09tokyo1882

65 이에 대한 상세한 내용은 http://pressian.com/news/article.html?no=118736 참조.

66 http://fas.org/sgp/crs/row/RS22570.pdf

67 http://armedservices.house.gov/index.cfm/2012/3/fiscal-year-2013-national-defense-authorization-budget-request-for-missile-defense

68 Reuter, March 26, 2012.

69 JEFFREY W. HORNUNG, "Lost chance for Tokyo-Seoul security relations", The Japan Times, June 18, 2012.

70 http://www.cablegatesearch.net/cable.php?id=06TOKYO6736

71 http://www.wikileaks.org/plusd/cables/08TOKYO203_a.html

72 http://fpc.state.gov/documents/organization/212884.pdf

73 http://fpc.state.gov/documents/organization/211800.pdf

74 보고서의 주요 내용은 정인환, 한·미 당국자 MD 비공식 회의 보고서 긴급 입수: 한미 MD 논의 끝냈나?, 《한겨레 21》 2003년 6월 18일자 참고. 보고서 원문은 다음 링크에서 다운 받을 수 있다. http://missilethreat.wpengine.netdna-cdn.com/wp-content/uploads/2012/10/20030100-IFPA-koreanpeninsula.pdf

75 http://fas.org/irp/offdocs/nspd/nspd-23.htm

76 김대중-노무현 정부 시기의 MD 문제에 대해서는 이삼성·정욱식 외 지음, 《한반도의 선택: 부시의 MD 구상, 무엇을 노리나》, 삼인, 2001년; 정욱식, 《동맹의 덫》, 2004년, 삼인 참조.

77 〈동아일보〉, 2007년 12월 26일.

78 http://www.wikileaks.org/plusd/cables/08SEOUL856_a.html

79 The Japan Times, December 28, 2014.

80 〈통일뉴스〉, 2014년 5월 26일.

81 이에 대한 상세한 내용은 부록 참조.

82 정욱식, '부담'될 게 뻔한 제주해군기지, 그만둬라, 〈오마이뉴스〉 2014년 7월 23일.

83 http://www.fmprc.gov.cn/mfa_eng/xwfw_665399/s2510_665401/2511_665403/t1160500.shtml

84 노무현 정부 시기 한미동맹에 대해서는 정욱식, 《21세기 한미동맹은 어디로?》, 한울, 2008년 참조.

85 이종석, 《칼날 위의 평화》, 개마고원, 2014, 167-168쪽.

86 김종대, 《노무현, 시대의 문턱을 넘다》, 나무와 숲, 2010년, 326쪽.

87 http://wikileaks-kr.org/dokuwiki/06seoul102

88 http://ksp.stanford.edu/research/new_beginnings_postelection_prospects_for_usrok_relations/

89 문정인, 《중국의 내일을 묻다》, 삼성경제연구소, 2010년, 252쪽.

90 최민지, 중국사회과학원 아태·세계전략연구원 왕쥔성(王俊生) 인터뷰, 《디펜스21플러스》 2014년 5월호.

91 평화네트워크, 《동아시아와의 인터뷰》, 2013년, 서해문집, 251쪽.

92 The New York Times, November 21, 1993.

93 Fred Kaplan, Partiot Game, Slate, March 24, 2003.

94 http://www.cdi.org/news/missile-defense/pac_3%20IFT.pdf

95 〈중앙일보〉, 2013년 10월 6일.

96 http://sunday.joins.com/article/view.asp?aid=31663

97 김병용, 한국형 미사일 방어체계를 위한 제언, 《주간국방논단》, 2013년 7월 22일.

98 윤연, '킬체인-한국형MD'의 허와 실, 〈동아일보〉 2013년 10월 8일.

99 http://fpc.state.gov/documents/organization/211800.pdf

100 The New York Times, May 17, 2010.

101 http://www.thenation.com/blog/missile-defense-longest-running-scam-exposed#

102 Stefan Soesanto, "Missile Defense and the North Korean Nuclear Threat", The Diplomat, June 7, 2014.

103 Department of Defense, Ballistic Missile Defense Review Report, February 2010, http://www.defense.gov/bmdr/docs/BMDR%20as%20of%2026JAN10%200630_for%20web.pdf

104 Kang Choi, "Missile Defense: The Myth of Strategic Ambiguity", Glonal Asia, Summer 2014.

105 http://www2.gwu.edu/~nsarchiv/NSAEBB/NSAEBB421/